结构钢的绝热剪切敏感性研究

冀建平 著

·北京·

图书在版编目（CIP）数据

结构钢的绝热剪切敏感性研究 / 冀建平著. —北京：科学技术文献出版社，2014.12

ISBN 978-7-5023-9626-8

Ⅰ. ①结… Ⅱ. ①冀… Ⅲ. ①结构钢—绝热—剪切带—研究 Ⅳ. ①TG142.41

中国版本图书馆 CIP 数据核字（2014）第 278763 号

结构钢的绝热剪切敏感性研究

策划编辑：丁坤善　　责任编辑：丁芳宇　　责任校对：赵 瑷　　责任出版：张志平

出 版 者	科学技术文献出版社
地　　 址	北京市复兴路15号　邮编 100038
编 务 部	（010）58882938，58882087（传真）
发 行 部	（010）58882868，58882874（传真）
邮 购 部	（010）58882873
官方网址	www.stdp.com.cn
发 行 者	科学技术文献出版社发行　全国各地新华书店经销
印 刷 者	虎彩印艺股份有限公司
版　　 次	2014年12月第1版　2014年12月第1次印刷
开　　 本	710×1000　1/16
字　　 数	120千
印　　 张	8.25　彩插8面
书　　 号	ISBN 978-7-5023-9626-8
定　　 价	58.00元

版权所有　违法必究

购买本社图书，凡字迹不清、缺页、倒页、脱页者，本社发行部负责调换

序

钢铁材料是目前应用最多的结构材料，今后相当长的时间内这种状况也不会发生根本性变化。同样，长期以来，作为装甲材料和战斗部材料，结构钢也一直得到最广泛的应用。在此类高应变率服役条件下，结构钢失效的微观机制主要有微孔洞、微裂纹和绝热剪切带三种形式，而绝热剪切带的形成往往是高应变率加载环境下材料失效的先兆，带内更容易形成微孔洞和微裂纹。不同材料中绝热剪切破坏发生的难易程度存在很大的差别，直接影响材料的使用性能。因此，高应变率条件下材料的正确选择、科学应用要求必须了解各种材料对绝热剪切变形局域化的敏感程度及其影响因素。

热软化效应、应变硬化效应和应变率硬化效应是控制材料绝热剪切带形成的三个最重要的内在因素，而载荷条件（加载应变率和载荷强度等）是影响绝热剪切带形成的外在因素，在研究材料绝热剪切相关问题过程中两类因素相互耦合，作用十分复杂。此外，绝热剪切变形破坏的发生还是严重的偏离平衡态的过程，因此相变温度较之平衡条件有不同程度的偏离。由于上述诸多复杂性因素的影响，使得钢中绝热剪切变形局域化的敏感性及其影响因素的相关研究异常困难，本书在此领域进行了有益的尝试。

该书选择典型结构钢，通过实验研究、理论分析和数值模拟等方法来研究结构钢的绝热剪切敏感性，探讨了材料内在的成分和微观组织因素对材料动态力学性能以及绝热剪切敏感性的影响规律。此项工作将对高应变率条件下应用的材料优选、设计、加工及处理提供重要的参考。

  冀建平是我的博士研究生，在攻读博士学位期间即开始这一领域的研究工作，而后多年来一直对当年工作进行补充和提炼。本书即是在其博士学位论文的基础上不断整理、提高而成的，希望该书能够对提升我国装甲和战斗部用金属材料发展水平发挥作用。

中国工程院院士 才鸿年

前 言

绝热剪切变形断裂是高应变率条件下材料独特而普遍的失效模式。不同材料发生绝热剪切变形的难易程度存在很大的差别,材料的绝热剪切特性又直接影响材料的高应变率使用性能,因此必须了解各种材料对绝热剪切变形局域化的敏感程度。本书通过实验研究、理论分析和数值模拟等方法研究了结构钢的绝热剪切敏感性与材料成分及微观组织的关系。此项工作将为高应变率加载条件下材料的优选、设计及制备提供理论和数据支持。

选择能够反映材料应变强化、应变速率强化及热软化特性的Johnson-Cook热粘塑性本构关系,利用准静态和高应变率下的实验数据,采用最小二乘法原理拟合了两种成分、三种典型组织材料本构关系中的五个待定参数;对应变率硬化指数进行了修正;分析了本构关系参数与结构钢成分组织的关系。

利用SHPB上的帽型试样强迫剪切实验,系统地研究了两种成分、三种典型组织材料的绝热剪切敏感性差异。通过实验样品的金相显微镜、扫描电镜的微观组织观察,分析了结构钢成分、组织对绝热剪切带的发生、扩展及绝热剪切带间距的影响规律。

通过选择恰当的模型和科学的空间离散化,对两种成分、三种典型组织结构钢材料SHPB加载过程进行了2D数值模拟,数值重现了帽型试样高应变条件下的绝热剪切变形历程。基于应力塌陷绝热剪切形成判据分析了加载速率、结构钢成分、组织对绝热剪切变形的影响规律，计算结果与实验结果基本吻合。

利用有限元3D数值模拟方法计算分析了预制双缝裂纹平板冲击加载过程，对裂尖的绝热剪切带的萌生、剪切带方位、剪切带发生的临界速度、剪切带的扩展方向等进行了预测分析研究。采用空气炮加载进行了平板冲击实验，实验结果与预测计算基本一致，验证了数值模拟的正确性。因此数值模拟方法在一定程度上可以预测材料的绝热剪切敏感性，可为高应变率条件下材料设计的实现提供依据。

目 录

第一章 绪论 1
　1.1 研究的背景及意义 1
　1.2 本领域目前的代表性研究成果和存在的基本问题评述 3
　　1.2.1 材料绝热剪切敏感性的研究成果与进展 3
　　1.2.2 材料热粘塑性本构关系的研究与发展评述 4
　　1.2.3 热塑失稳临界条件的研究进展 8
　　1.2.4 绝热剪切带内的微观组织结构特征研究进展 9
　　1.2.5 绝热剪切数值模拟技术研究进展 17
　1.3 研究内容 18
　参考文献 20

第二章 结构钢热粘塑性本构关系研究 27
　2.1 引言 27
　2.2 实验材料与实验方法 28
　　2.2.1 实验材料 28
　　2.2.2 实验方法及过程 30
　2.3 实验结果 31
　2.4 热粘性塑性本构关系的选择 32
　2.5 Johnson-Cook本构关系参数拟合 33
　　2.5.1 参数A的确定 33

1

2.5.2　参数 B、n 的确定 33
　　2.5.3　参数 C、m 的确定 35
2.6　参数拟合结果分析及讨论 37
　　2.6.1　参数拟合结果 37
　　2.6.2　结构钢成分组织对参数 A 的影响 38
　　2.6.3　结构钢成分组织对应变硬化指数 B、n 的影响 40
　　2.6.4　结构钢成分组织对应变率硬化指数 C 和热软化系数 m 的影响 41
2.7　小结 43
参考文献 44

第三章　微观组织对绝热剪切的影响规律研究 46
3.1　引言 46
3.2　实验材料与实验方法 47
　　3.2.1　实验材料 47
　　3.2.2　实验方法及过程 47
3.3　实验结果分析及讨论 51
　　3.3.1　帽型试样剪切区域微观形貌 51
　　3.3.2　结果分析讨论 52
3.4　小结 60
参考文献 61

第四章　绝热剪切现象的2D数值模拟研究 63
4.1　引言 63
4.2　基本控制方程和有限元离散 63
4.3　有限元方法的基本求解步骤 66
　　4.3.1　有限元模型的建立 67

    4.3.2　本构模型和材料参数选择 69
  4.4　数值模拟中的绝热剪切判据 71
  4.5　数值模拟结果及分析 73
    4.5.1　SHPB实验曲线与模拟结果的比较 73
    4.5.2　加载速度对绝热剪切带的影响 75
    4.5.3　结构钢成分组织对绝热剪切带的影响 83
    4.5.4　绝热剪切带温度场研究 92
  4.6　小结 95
  参考文献 96

第五章　绝热剪切现象的3D数值模拟研究 98
  5.1　引言 98
  5.2　平板冲击实验的数值模拟预测研究 99
    5.2.1　有限元模型的建立 99
    5.2.2　本构模型和材料参数选择 101
    5.2.3　数值模拟结果分析与讨论 102
  5.3　双缝平板冲击实验验证 109
    5.3.1　实验装置 109
    5.3.2　实验材料及试验方法 110
    5.3.3　实验结果验证分析 111
  5.4　小结 116
  参考文献 117

第六章　结论 118

彩　插 121

第一章 绪论

1.1 研究的背景及意义

在现代战争中，战斗部的首要攻击对象是航母、机场、深层工事等具有重要战略价值的目标。近年来这些目标的防御结构越来越坚固，有些呈多层防护。针对攻击目标，寻求有效的毁伤手段和方法已经成为各国军方重点关注的问题之一（如美国国防部自1996年开始每年投资4亿美元进行大规模毁伤武器的研究，其中包括了反深层坚固目标的武器弹药等），这也就是现代战斗部的主要功能目标。因此要求战斗部具有更好的服役性能。发展战斗部材料所面临的主要困难有：材料的变形和破坏要经历$10^3 \sim 10^6/s$的高应变率和高温、高压的耦合作用，材料的行为极其复杂，通常的准静态理论与材料响应规律已不再适用；已有的表征理论是基于力学分析得到的，缺乏材料学基础，不能很好地指导战斗部材料的研制；战斗部材料的服役过程是瞬时的和多因素耦合作用的，材料演变过程的分析十分困难。由于人们对战斗部材料与超常环境的耦合作用规律还缺乏系统与科学的全面认识，这使得战斗部材料研制始终不能摆脱"画、加、打"（指画图、加工、打靶）的研制方法，其结果又往往不如人意[1]。

战斗部材料在超常服役条件下承受高应变率载荷作用，失效的微观机制主要有微孔洞、微裂纹和绝热剪切带三种形式，而绝热剪切带的形成往往是高应变率加载环境下材料失效的先兆，带内更容易形成微孔洞和微裂纹[2]。由于不同材料中绝热剪切现象发生的难易程度存在很大的差别，而材料的绝热剪切特性又直接影响材料的使用性能，为此必须了解各种材料对绝热剪切变形局域化的敏感程度及其影响因素。研究表明绝热剪切带的形成与材料的物理性能和力学性能参数及微观组织结构密切相关，如材料密度ρ、单位质量热容c、热传导系数λ、屈服强度以及应变率硬化等都是影响绝热剪切带形成的因素。热软化效应、应变硬化效应和应变率硬化效应是控制绝热剪切带形成的三个最重要的内在因素，而载荷条件（加载应变率和载荷强度等）和应力-应变状态是影响绝热剪切带形成的外在因素，两者因素相互耦合，作用十分复杂。

以往对于材料绝热剪切敏感性与材料微观组织结构的关系研究一般是定性的。早期研究中，人们仅能通过实验方法[3]，定性了解到如贫铀合金比钨合金以及钢中淬火马氏体比珠光体铁素体材料的绝热剪切敏感性好等零散信息，但是无法定量比较它们之间的差异。在钢中由于试验条件、试样的几何形状、材料的成分和原始组织的不同，都会导致绝热剪切时局部应变、应变率和绝热温升有较大的差异，此外不同条件下的绝热剪切还会使相变温度较之平衡条件有不同程度的偏离。由于诸多复杂性因素的影响，使得钢中绝热剪切带的演化机制异常复杂，目前还无统一认识，有待进一步的理论研究和试验分析。

本书的研究选择典型材料，研究结构钢内在因素对材料动态力学性能以及绝热剪切敏感性的影响。预计此项工作将对有关材料设计、分析、优化与控制动态力学性能和变形局域化提供理论和数据支持。通过实验研究、理论分析和数值模拟等方法来研究结构钢的绝热剪切敏感性与材料成分微观组织结构的关系。

1.2 本领域目前的代表性研究成果和存在的基本问题评述

1.2.1 材料绝热剪切敏感性的研究成果与进展

绝热剪切是材料在高应变速率条件下塑性变形高度局域化的一种形式，通常具有两个基本特征：一是其高速变形时绝大部分热量来不及散失，从热力学角度看近似于绝热过程；二是塑性变形高度局域化，形成宽$1\sim10^2\mu m$量级的窄带形区域，即绝热剪切带（Adiabatic Shear Band，ASB）。在绝热剪切过程中，ASB内温度急剧升高和下降（如温升可达$10^2\sim10^3K$，冷却速率可达$10^5K/s$），同时其内可发生$1\sim10^2$量级的剪应变，应变速率可高达$10^5\sim10^7/s$。由于这些极端条件，绝热剪切带从变形力学角度和材料微观组织以及性质变化等角度均引起了广大学者的极大关注。

绝热剪切带是一种独特的局部失稳现象，与材料失效关系密切。材料在高应变速率条件下发生绝热剪切现象相当普遍[4-8]。当材料构件出现ASB意味着其承载能力的下降或消失，是材料失效的前兆。因此在材料绝热剪切变形机制的研究中，材料产生绝热剪切带的难易程度即绝热剪切敏感性（Adiabatic Shear Susceptibility）是一个非常重要的研究领域。科学工作者对绝热剪切现象进行大量基础研究的目的是限制或利用绝热剪切变形局域化。例如对于装甲材料，炮弹冲击导致的绝热剪切是其主要失效形式之一。对此情况，材料工作者必须设法降低装甲材料的绝热剪切敏感性，使其尽可能不发生绝热剪切，从而提高防护效果；而在某些场合，需要利用绝热剪切现象，如制造动能穿甲弹材料，要求有强的绝热剪切敏感性和剪切失稳，从而在穿甲、侵彻过程中更易发生绝热剪切而出现"自锐"现象[9, 10]，提高穿甲效果。正是由于绝热剪切变形局域化研究具有重要理论研究价值和工程应用背景，欧美等发达国家对此开展了大量研究，其中具有代表性的是美国军方研究办公室（The Army Research Office，ARO）和美国海军资助的Wright研究小组，他们于2002年出版了有关绝热剪切变形局域化物理、数学问题的专著The Physics and Mathematics of Adiabatic Shear Band[11]。国内中科院力学所、中科院金属所、中国科技大学、北京理工大学和中南大学以及其他一些科研单位也对绝热剪切现象进行了大量有意义的研究工作。

由于ASB的重大理论和工程实际意义，国内外专家学者在ASB的研究方面做出了不懈努力。其研究主要包括以下三方面内容[12]：第一，剪切变形局域化本构失稳模型的描述，探寻材料本构失稳形成ASB的临界条件和ASB的扩展规律；第二，绝热剪切带内的微观组织结构特征及演化规律，以及影响变形局域化产生和发展的冶金因素；第三，利用计算机数值模拟技术来求解应力场、温度场、模拟ASB内组织演化过程等。

1.2.2 材料热粘塑性本构关系的研究与发展评述

材料的本构关系就是指在一定的微观组织下，材料的流变应力对由温度、应变、应变速率等热力学参数所构成的热力学状态所做出的响应。这种规律实质上是因材料而异的，如果我们用数学方程来表示这种规律。那么不同的材料其方程也不相同。本构关系与材料的物理、力学特性密切相关，它不仅取决于某些宏观参量，如杨氏模量和粘性系数；同时也取决于原子相互作用和位错过程的微观参量，如位错密度、位错运动速度等。本构关系除了与材料本身性

第一章 绪论

质有关外,还与变形条件有关。

在材料的本构模型中,最常用的有两种模型:一种是把屈服强度Y考虑成应变ε、温度T及应变率$\dot{\varepsilon}$的函数,即一般表示为

$$Y = f(\varepsilon, T, \dot{\varepsilon}) \tag{1.1}$$

此称为率相关模型,代表性的模型是Johnson-Cook模型[13]。另一种是不考虑应变率的效应,即

$$Y = f(\varepsilon, T) \tag{1.2}$$

此称为率无关模型,代表性的模型是由Steinberg等[14,15]提出的一个应变率使用范围较宽($10^{-4} \sim 10^6$)的$Y(P,T)$,$G(P,T)$模型,它的具体形式为

$$G = G_0 \left[1 + \frac{G_p{'}}{G_0} \frac{P}{\eta^{1/3}} + \frac{G_T{'}}{G_0}(T-300) \right] \tag{1.3}$$

$$Y = Y_0(1+\beta\varepsilon_i)^n \left[1 + \frac{Y_p{'}}{Y_0} \frac{P}{\eta_{1/3}} + \frac{G_T{'}}{G_0}(T-300) \right] \tag{1.4}$$

应用范围是$Y_0[1+\beta(\varepsilon+\varepsilon_i)^n] \leq Y_{max}$。(1.3),(1.4)式中$\eta$为压缩比,$\eta = V_0/V$,$\beta$为硬化功参数;$\varepsilon_i$为初始变量;下标"0"表示初始状态;$G_p{'}$,$Y_p{'}$,$G_T{'}$分别表示$G$,$Y$对$P$,$T$的偏导数;参量$G_0$,$G_p{'}$及$G_T{'}$可以通过超声波实验确定。

对于Steinberg模型中的$G_p{'}$,$Y_p{'}$,$G_T{'}$的确定,过去常用静高压的方法来定,这样静高压数据外推到动高压有较大的偏差,华劲松[16]等通过静高压试验、动高压试验及理论计算相结合的方法,确定了钨合金的一种高压本构方程(Steinberg模型方程)中的各参数,结果确定的本构高压方程与实测符合较好。

由于高应变率加载和所造成的绝热温升,高应变率下材料的本构关系和准静态条件下相比有着很大的差异。一般材料(除混凝土

等极少数材料）都会由于温升而造成材料性能劣化，这一因素在准静态条件下是可忽略的；另外，材料一般也都具有粘性特征，大多数材料存在应变率硬化现象（除少数极端脆性材料有反应变率硬化现象），这也是高应变率加载条件下材料所特有的。因此，高应变率加载条件下材料的本构关系一般要比准静态条件下材料的本构关系复杂得多。一般人们把这种具有应变率硬化和温度软化的材料本构关系称为热粘塑性材料本构关系。大量的文献发表了各种不同形式的材料热粘塑性本构模型。

（1）Johnson和Cook于1983年发表了他们的惟象本构关系（Johnson-Cook本构关系）[13]，该本构关系解耦地描述了材料的应变硬化效应、应变率硬化效应和热软化效应。Johnson-Cook模型简单地把应变、应变率和温度效应三部分连乘在一起，即

$$\sigma = (A + B\varepsilon^n)\left[1 + C\ln\frac{\dot{\varepsilon}}{\dot{\varepsilon}_0}\right]\left[1 - (T^*)^m\right] \quad (1.5)$$

$$T^* = \frac{T - T_r}{T_m - T_r}$$

其中，A、B、C、n、m为5个需要实验确定的参数。其中B为应变硬化系数，C为应变率敏感系数，m为温度敏感系数，T_r为参考温度（一般取室温值），T_m为熔点温度，$\dot{\varepsilon}_0$一般为参考应变率。

Johnson-Cook模型由于形式简单，待测参数少（5个参数）、拟合参数容易，并且在趋势上基本反映了材料特别是金属材料的动态特性，因而应用最广，目前好多商用程序中的材料模块配有Johnson-Cook模型方程选项。但是，从细节上Johnson-Cook模型并不能完全反映材料的某些特点。其不足主要反映在：材料的硬化模量、温度系数、应变率敏感系数等是常数，但是实际上许多材料参量并不恒定，而是随应变、应变率、温度变化的量，因而在对材料

有特别严格要求的情况下需要选用其他模型或对Johnson-Cook模型进行修正,修正后如参量或系数过多时,应用起来就不是很方便。

(2)Zerilli和Armstrong[17]在Johnson-Cook粘塑性本构模型的基础上进行了改进,Zerilli-Armstrong模型(6参数)是建立在热激活位错运动的物理机制上的模型。它考虑到体心立方(bcc)和面心立方(fcc)金属点阵的差别,指出:表征热激活过程的参数A在体心立方金属中更多地依赖于温度和应变率,而在面心立方金属中更多地依赖于应变,方程形式为:

$$\sigma = C_0 + C_5\varepsilon^n + C_1\exp\left[-C_3T + C_4T\ln(\frac{\dot{\varepsilon}}{\dot{\varepsilon}_0})\right] \quad (1.6)$$

C_0、C_1、C_3、C_4、C_5为待实验确定和拟合参数,$\dot{\varepsilon}_0$为参考应变率。相对于Johnson-Cook本构关系,Zerilli-Armstrong本构关系有更为明显的物理意义和理论基础,但是由于其表达方式的复杂,在实际应用中远不如Johnson-Cook本构关系使用广泛[18]。

(3)Wright和Batra于1985年基于无极性和两极性粘性材料提出了Wright–Batra本构关系[19]。对于无极性材料,它的形式为:

$$\tau = \tau_0\left(1 + \frac{\phi}{\phi_0}\right)^n\left(1 + b\dot{\gamma}\right)^m\left(1 - \alpha(\theta - \theta_0)\right) \quad (1.7)$$

τ_0为材料的屈服强度,ϕ_0、n表征材料的应变硬化能力,b、m表征材料的应变率硬化能力,α表征材料的热软化能力,θ为温度。

(4)Klopp等(1985)、Marchand和Duffy(1988)提出了Power Law本构关系[19]。它的具体形式为:

$$\tau = \tau_0\left(\frac{\gamma}{\gamma_y}\right)^n\left(\frac{\dot{\gamma}}{\dot{\gamma}_0}\right)^m\left(\frac{\theta}{\theta_0}\right)^v \quad (1.8)$$

这里的τ_0为屈服强度,γ_y为应变率为10^{-4}/s时简单剪切实验条件下屈服时的应变，γ_0为参考应变率，n为材料的应变硬化指数，m为材料的应变率硬化指数，$v<0$，v为热软化系数，θ为温度。

（5）Bodner 和Partom于1975年提出了Bodner-Partom本构关系[19]。形式为：

$$\dot{\gamma} = D_0 \exp\left(-\frac{1}{2}\left(\frac{K^2}{3\tau^2}\right)^n\right), \quad n = \frac{a}{\theta} + b, \quad K = K_1 - (K_1 - K_0)\exp(-mW_p) \quad (1.9)$$

θ为材料粒子的绝热温度，W_p为塑性功，D_0为塑性应变率的极限值，一般取10^8，n为材料的应变硬化指数，m为材料的应变率硬化指数，a、b、K_0、K_1为待定参数。

此外还有中国科学院周光泉[20]等人建立的基于双曲线势垒热激活机制的热-粘塑性本构方程等，这些热-粘塑性本构关系都在一定范围内较好地表达了材料的粘塑性本构特性。

金属的应变率相关和温度相关力学性质的研究正受到越来越广泛的重视并且获得了迅速的发展。这是因为不仅人们早就认识到了低温塑性流动具有较强的温度敏感性，而且人们还发现在高应变率下塑性流动也同样具有较强的应变率敏感性，同时人们还已普遍认识到温度和应变率对材料的动态失效机制等起着重要作用。金属或晶体塑性变形的本质是位错的运动和增殖，在给定结构下，位错运动的速率控制理论是位错越过障碍的热激活过程和位错与声子等交互作用的粘性阻尼的共同作用。

1.2.3 热塑失稳临界条件的研究进展

在高应变率材料本构关系研究的基础上，各国科学家开展了大量的绝热剪切变形局部化失稳判据研究。材料本身的性质以及应变、应变速率、环境温度等都是影响热塑失稳的因素。到目前为止，已相继建立和发展了各种热塑失稳临界条件。Culver等[21]最先建立的绝热剪切临界条件，就属于由临界应变控制的单变量准则；徐天平等[22]基于双曲型势垒热激活机制的热-粘塑性本构方程，对室温下的Ti-6Al-4V的热塑失稳进行了研究，得出了一个同时与应变和应变率相关的双变量准则；包合胜等[23]基于Johnson-Cook粘塑性本构模型，在分析了徐天平等人建立的双变量准则的基础上，指出徐天平等建立的双变量临界准则是在固定环境温度下导出的，因而考虑环境温度的可变，推导出同时应变、应变率及环境温度相关的三变量准则，用此准则进行理论预测，预测与试验结果能较好地吻合。Wright[24]曾经在对剪切带的数值模拟中发现了剪切带上应力随时间演化的普遍特征，即当剪切带形成时会出现应力突然下降的现象，Wright将其称为应力塌陷（Stress Collapse），同时他建议将应力塌陷作为剪切带形成的判据。表1.1列举了一些较有代表性的失稳判据[25]。

1.2.4 绝热剪切带内的微观组织结构特征研究进展

在ASB内的组织结构特征及其演化机制的研究方面，过去由于受微观测试手段的限制，对ASB的研究往往侧重于其形成条件和扩展规律等宏观方面的研究，相比之下，对其微观结构的研究还比较少，测试手段由开始时的光学显微镜下的金相观察和显微硬度的测试发展到用透射电镜研究ASB内的微观精细结构。弄清绝热剪切带内部微结构的演化与变形过程的关系有助于了解绝热剪切带的形成与发展。因此，绝热剪切带的微结构本质一直以来都是众多研究者们最关心的问题之一。

对绝热剪切带早期的显微观察表明，绝热剪切带有两种基本类型：以应变高度集中、晶粒剧烈拉长和碎化为主要特征的形变

表1.1 材料绝热剪切变形局部化判据

模型提出人	本构关系	局部化判据
Recht	$\varepsilon = ct \quad (\dfrac{\delta \varepsilon}{\delta \varepsilon} = 0)$	$\dot{\varepsilon}_c = \dfrac{4\pi(\varepsilon - \varepsilon_y)}{L^2 \tau_y^2} kc (\dfrac{\delta \tau / \delta \varepsilon}{\delta \tau / \delta \theta})^2$
Culver	$\sigma = B\varepsilon^n \quad \dot{\varepsilon} = ct$	$\gamma_c = \dfrac{nC}{|\partial \tau / \partial \theta|}$
Pomey	$\tau = A + B\log\gamma$	$\gamma_c = \dfrac{BC}{\tau |\partial \tau / \partial \theta|}$
Staker	$\tau = A\gamma^n \dot{\gamma}^m$ $\tau = Y + b\gamma$	$\gamma_c = \dfrac{n}{\dfrac{1}{C}|\partial \tau / \partial \theta| - \dfrac{md\dot{\gamma}}{\dot{\gamma} d\gamma}}$
Bai	$\tau = B\gamma^n$ $\tau = Y + b\gamma$	$\gamma_c = \dfrac{nC}{|\partial \tau / \partial \theta|_{\gamma, \dot{\gamma}}}$ $\gamma_c = \dfrac{C}{|\partial \tau / \partial \theta|_{\gamma, \dot{\gamma}}} - \dfrac{Y}{b}$
Curran	$\tau = H(\bar{\varepsilon}^r) F(\dfrac{T}{T_m})$ $= \tau_0 \bar{\varepsilon}^{-r^n} F(\dfrac{W}{E_m})$ $\rightarrow F(\dfrac{W}{E_m}) = (1 - \dfrac{\alpha W}{E_m})^{1/2}$ $\rightarrow F(\dfrac{W}{E_m}) = (1 - \dfrac{\alpha \dot{W}}{E_m})$	$\overline{\varepsilon_c^p} = [\dfrac{2\rho E m n(n+1)}{\alpha \tau_0 (2n+1)}]^{1/(n+1)}$ $\overline{\varepsilon_c^p} = [\dfrac{\rho n E n_r}{\alpha \tau_0}]^{1/(n+1)}$
Olson	$\bar{\tau} = \tau_0 (1 + \alpha \bar{\gamma}) \exp(-\beta \bar{\gamma})$	$\overline{\gamma_c} = \beta^{-1} - \alpha^{-1}$
Burms 等	$\tau = \alpha[1 - a(\theta - \theta_0)]$ $x(1 - b\dot{\gamma})^m \gamma^n$	$\gamma_c = [\dfrac{nC}{a\alpha(1 + b\dot{\gamma}_\theta)^{m(n+1)}}]$
Clifton	$\dot{\gamma}_{xy}^p = \dot{\gamma}_0 \exp(\dfrac{-\Delta H}{K\theta})$ $m = \dfrac{\partial \ln \sigma_{xy}}{\partial \ln \dot{\gamma}_{xy}}$	$[\dfrac{1}{\tau_r}(\dfrac{\partial \tau_r}{\partial \gamma_p}) - \dfrac{1}{C}(\dfrac{\partial \tau}{\partial \theta})\dfrac{\dot{\gamma}^p}{m} + \dfrac{k\xi^2}{C} = 0$

带（deformed band），以及以发生相变或再结晶为特征的转变带（transformed band）[26]。纯金属中产生的剪切带大多属于形变带，相变带则经常产生于钢铁、铀合金及钛合金中。绝热形变带与等温变形带主要区别是在绝热剪切带内的应变很大。一般钢中的绝热形变带内的剪应变约为1，而在马氏体钢中产生等温变形带的临界剪应变约为0.034[27]。绝热形变带不具有明显的边界，而中心区很窄且清晰可见。有时可观察到小于1μm的细小晶粒[28]。对形变带附近的硬度测量结果显示当接近形变带中心时，硬度逐渐增加。另外，在相似的实验条件下，形变带宽度随着硬度的增加而减小[29]。钢中的转变带常因其侵蚀后发亮的外观和高硬度而被称为"白带"。早在20世纪70年代，研究者们就对转变带的特征进行了广泛的研究。估算白带内剪应变高达100，局部应变率接近$10^6 \sim 10^7/s$[30, 31]。转变带宽度为10～100μm，当材料硬度减小时宽度稍有增加。Stelly等[32]人对AISI1040钢的研究结果表明，当硬度为30HRC时，转变带的宽度为20～30μm。而硬度为42HRC时，转变带的宽度为10～20μm。转变带具有很高的硬度，例如，AISI1040钢中转变带的硬度可达到大约1000KHN_{25}，而邻近的形变带硬度达到600 KHN_{25}，而且转变带的硬度随着钢中含碳量的增加而增加[33]。早期的研究由于受到研究手段的限制，对转变带的本质缺乏了解。有限的一些研究成果认为转变带外观上呈现白色是由于带内的细化组织和碳化物量很少，带内晶粒大小约为0.1μm且近似呈等轴状[34]。

随着电子显微技术的发展，到了20世纪70年代，已经开始使用TEM技术来研究绝热剪切带内的相变及微观精细结构。特别是近十几年由于各种暗场、衍射分析技术的完善和提高，使人们对绝热剪切带内的相变和微细结构有了更深刻的认识。绝热剪切带微细结构的观察和分析表明：尽管材料种类和原始组织不同，如Ti及Ti合金、Cu及Cu合金、Al合金，金属基复合材料、钨合金、Ta和Ta合金，不同原始组织的钢等（图1.1是钛合金[35]、图1.2是粉末烧结钨合金[36]、图1.3是45钢[37]中发现的绝热剪切带的典型金相照片），实验条件也各异，但大多数绝热剪切带的微观组织具有一些共同特征，即带中心为细的等轴晶组织，与基体组织有较大的差异。从基体到绝热剪切带中心，微观组织逐渐变化和过渡。说明绝热剪切带形成过程中微观组织的演化比较复杂。国外学者利用TEM、背散射电子衍射（EBSD）等技术对不同金属材料中的绝热剪切带内部精

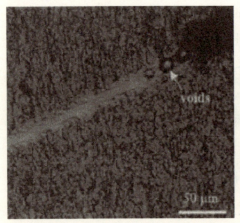

图1.1　Ti-6Al-4V中的ASB

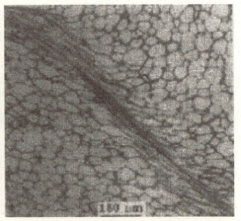

图1.2　粉末烧结钨合金中的ASB

图1.3　45钢帽型试样中的ASB

细结构的演化进行了研究，得出的结论尽管不统一，但基本可以包括以下诸过程：原始组织的重新取向、碎化和各种缺陷、亚结构的形成，并伴有局部的温度升高，剪切带中心应变最大，温度最高。从剪切带中心到基体应变和温度逐渐减小，微观组织的变化主要体现在原始组织的重新取向、碎化程度逐渐减小，位错等缺陷密度逐渐降低。

钢中剪切带的形成和扩展对材料的硬度、强度很敏感[38-40]，强度越高，越容易出现剪切带，剪切带越窄。换言之，产生变形局域化所需的剪切应变越小，即加工硬化能力越低的材料，对形成剪切带的敏感性越强。

人们对钢中不同组织，如粗大的珠光体、铁素体、马氏体对剪切带的影响进行了很多研究[41-45]。Cepus[43]发现：在Hopkinson扭杆作用下，由于铁素体最软，将最先发生变形；如果珠光体组织足够粗大，铁素体将在其条带间均匀变形并得到均匀的剪切带，如果组织细小，则由于渗碳体含量多而且硬，将产生粒状剪切带；而对于马氏体组织，将发生转变带变形。Meyers[44]在对含0.2%C的钢经正火、退火、等温淬火、淬火+不同温度回火的靶板用AISI W-1工具钢的弹体以不同速度撞击后研究表明，含有马氏体和贝氏体组织的钢中产生了转变带，而在退火、正火、冲击载荷处理的钢中则存在形变带。Xu等[46]在对含碳量0.2%碳钢进行了不同热处理得到不同微观组织：铁素体+淬火马氏体、铁素体+回火马氏体、铁素体+珠光体。用Hopkinson扭杆进行加载，考察了形成剪切带的临界应变的大小，结果发现，材料强度越高，越容易形成剪切带。

迄今为止，人们对钢中绝热剪切带的微结构考察最多[34, 44, 46, 47]。钢的微观组织是复杂的，其绝热剪切带的微观组织除具有如前所述的共同特征外，还具有自己的特点，不同的原始组织和实验条件都会引起绝热剪切带微观组织的变化，因此，钢中绝热剪切带中组织更具有复杂性和多样性。表1.2中给出了一些典型的例子。从表1.2中所列的结果和相关文献分析可以归纳出钢中绝热剪切带的一些微观结构特征[34, 47]：

（1）绝热剪切带的微观组织与基体差异较大，这种差异不仅体现在形貌上，更主要地体现在相组成上，说明在有些情况下绝热剪切带内确实发生过相变。此外，绝热剪切带内的相变很复杂，有时微观形貌上没有"白亮"特征，但也发生了相变[48]，如Pak等[27]对AISI4340钢爆炸碎片形成的绝热剪切带研究时发现，其形貌不具备"白亮"特征，但其微观组织却已发生了从$\varepsilon\text{-}Fe_3C$到$\chi\text{-}Fe_5C_2$的实质性相变。有时其形貌上具有"白亮"特征，但很少发现含有类似淬火马氏体特征（板条、凸透镜等）的相存在，在28NCD6钢中，也只是少数等轴晶内含有8～20nm厚的微薄膜马氏体。这说明不能根据是否"白亮"特征来判定钢中的绝热剪切带内是否发生了相变。

（2）实验条件不同（主要是应变和应变率不同），也会引起相变产物的差异。如表1.2中所列的原始组织相同的两种钢（HY100，AISI4340），随应变率（或应变）的增加，带中心等轴组织进一步细化，碳化物进一步溶解以至于形成了过饱和单相等轴晶粒。

（3）钢中绝热剪切带内发生的相变速度极快。绝热剪切带只是一种局部现象，其周围拥有大量的基体，绝热剪切带内的冷却速度可高达10^6～10^7℃/S，因此，绝热剪切带内组织转变速度是很快的，绝热剪切失稳和相变几乎同时进行。

表1.2　部分钢中绝热剪切带内微观组织特征

钢及热处理状态	试验条件	绝热剪切带微观特征
HY 100淬火 638℃回火	动态扭转 $\dot{\varepsilon}=10^3 s^{-1}$	1. 侵蚀后没有白亮特征，带内局部应变为1000% 2. 带中心等轴晶直径0.2～0.5μm，没有残余奥氏体 3. 等轴晶界上分布有较粗的碳化物
HY 100淬火 500℃回火	弹道冲击 $\dot{\varepsilon}=10\sim10^6 s^{-1}$	1. 剪切带上应变1000%侵蚀后有白亮特征 2. 带中心是单一的等轴晶组织，直径为0.1～0.3μm 3. 没有残余奥氏体
AISI4340淬火后 230℃回火	爆炸碎片 $\dot{\gamma}=10^5 s^{-1}$	1. 剪切带上应变400%，侵蚀后没有白亮特征 2. 带中心为直径20～50nm的等轴晶粒，没有残余奥氏体 3. 等轴晶内部含有χ-Fe_5C_2：型碳化物
AISI4340淬火后 200℃回火	高速冲击 $\dot{\gamma}=10^5 s^{-1}$	1. 剪切带上应变大于1000%侵蚀后具有白亮特征 2. 带中心为单一等轴晶组织，晶粒直径8～20nm 3. 没有残余奥氏体
28NCD6 淬回火态	爆炸碎片	1. 带中心等轴晶尺寸为135nm 2. 一部分等轴晶内含有8～20nm的微薄膜马氏体 3. 衍射图中分布有fcc奥氏体和碳化物
35NCD16 淬回火态	弹道冲击	1. 剪切带中心等轴晶直径为50nm 2. 衍射图中分布有fcc奥氏体，但没有碳化物

目前，对绝热剪切带内微观组织和相变的结论尚不能统一，争论也仍在继续。其争论的焦点主要在两个方面：一是转变带内的细晶组织到底是相变的结果还是再结晶的结果，即带内是发生了再结晶还是重结晶；二是在高速变形条件下，无论是再结晶还是重结晶，是什么样的机制在起作用，即如果发生了相变，那么ASB内的条件能否满足相变条件，如果发生了再结晶，怎么解释其与传统再结晶理论的矛盾。

TEM分析结果表明,部分有色金属(如Ti、Cu、AL、TA及其合金等)中的剪切带中心是由直径为0.01～0.5μm的等轴晶组成,晶界结构完整,EBSD的分析结果表明晶粒间取向差较大,类似于动态再结晶组织。由于绝热剪切带产生于高应变、高应变率的变形中,同时伴有快速的绝热温升,而变形和冷却时间又极短,因此在极端条件下的再结晶机制还不是非常清楚。如应变诱导晶界迁移机制认为:已存在的大角度晶界两边的错配度的不同,是使晶界迁移的驱动力,并导致再结晶形核[49-52];而亚晶合并机制认为:通过亚晶的形成和转动,来消除能量不稳定的低角度晶界,产生更大的亚晶,同时在亚晶之间产生更大的取向差,形成大角度晶界,最后形成新的再结晶晶粒[50,51]。

Nemat-Nasser等人[53]在试验中观察到位于ASB中心区的晶粒其边界比边缘的要平直一些;ASB中心区域的选区衍射(SAED)花样呈圆环状;估算其温度高于$0.5T_m$(熔点温度)。他们认为利用电镜观察到的微晶晶粒是动态再结晶的结果。Nesterenko[54]和Meyers[55]等人用亚晶旋转模型解释了发现的再结晶微晶。Perez-prado等人[50]在对Ta及Ta-W合金在高应变率中所产生的ASB进行了分析观察,并利用经典的再结晶模型对其再结晶动力学进行分析比较,发现这两种模型都不能用以解释Ta及Ta-W合金在高应变率变形中所产生的ASB内的组织演化。认为再结晶晶粒是亚晶或亚结构自身旋转的结果,位错密度的降低是因为亚晶位错墙转变为晶界。

在ASB发现的早期,因为看到的绝热剪切带一般都发生在钢铁材料中,以"白亮带"为特征。人们推断"白亮带"内发生了马氏体相变,并以此来解释带上显微硬度高于带外的显微硬度测试结果。同时,ASB比基体耐腐蚀的现象也被注意到,这和马氏体组织位错密度高不耐腐蚀的经典认识相矛盾。20世纪末实验力学测试技术的发展使人们能够实时记录ASB内温度的变化，如果能够实时记录下材料中剪切带内的温度演化，人们就可以清楚的判定ASB内是否能发生相变，但是至今没有相关的实验数据报道。

总之，有关ASB内的组织演化问题至今还未有定论的认识，还有待实验技术的进步和理论研究的进展以揭开ASB内的组织演化之谜。

1.2.5 绝热剪切数值模拟技术研究进展

随着计算机技术突飞猛进的发展，各种各样数值方法的不断涌现，科学计算已经和理论研究、实验研究一起成为科学研究中的一大支柱，并且发挥了越来越重要的作用，大大提高了人们认识世界、改造世界的能力。在有关绝热剪切变形局部化的研究中，科学计算起到了很大的作用。

有限元方法在对ASB的形核、扩展及ASB内组织演化过程的研究中起到了巨大作用[56, 57]。Wright和Batra[24]采用有限元方法对ASB进行了一维模拟，结果表明初始的微小扰动即可形成ASB，并且他们发现尽管当剪切带位置上应力接近最大值时保持一段时间恒定，接着应力迅速下降（Stress Collage），这是有关ASB内应力场的最重大的发现，也被众多的后来的数值模拟人员作为判定ASB是否生成的标志，随之，Wright和Watters[58]采用渐近分析方法（Asympotic analyses）论证了有关应力塌陷的问题。他们分别采用等效塑性应变等于0.50，等效应力达到最大值和应力塌陷作为ASB形成的判据。Batra的学生Rattazzi利用Dyna3D代码对厚壁圆筒在高应变率扭矩的作用下剪切带的扩展速度，剪切带内等效应力场、等效应变场和温度场等有关剪切带的基础性问题进行了详尽的数值模拟，并且比较了4340钢和C-300钢两种材料之间的差异，是有关ASB数值模拟方面较为详尽的工作[59]。Lebouvier和Lipinski等也就ASB的扩展速度进行了数值模拟[60]，模拟的结果表明：在较低的冲击速度条件下，剪切带的扩展速度强烈地依赖于冲击速度；而在冲击速度逐渐增大时，剪切带的扩展速度趋于某饱和值。国外有很多学者对预制裂纹的平板冲击进行了数值模拟，Kalthoff（1987）和Winkler（1987）[61,62]研究了圆柱发射弹冲击预制裂缝的马氏体时效钢矩形平板的裂尖的变形。他们证实了单缝和双缝的变形是基本一致的，但受冲击速度的影响，当冲击速度低于V_0临界值V_C时，裂纹产生与裂缝表面，而冲击速度V_0超过临界值V_C时，绝热剪切产生在裂尖并沿着与裂缝轴向成-10°和-15°方向在平板内扩展。Mason等（1994）[63,64]和Zhou等（1996a）[65]也做了类似的实验，而且发现低于临界速度没有失效，当高于临界速度时绝热剪切产生于裂尖，并沿着裂缝轴向平行扩展，终止于剪切带尖端并且产生裂纹。Needleman和Tvergaard（1995）[66]，Zhou等（1996b）[67]、Batra和Nechitailo（1997）[68]用有限元方法模拟了Kalthoff的实验。他们分别采用不同的本构关系和热粘塑性材料模型，都假定平板的变形是平面应变。Rakesh. R. Gummalla采用Johnson-Cook关系研究了材料和几何参数对裂尖变形的影响，认为在准静态拉伸和压缩实验中当最大拉压力准则等于屈服强度的两倍时，材料发生脆性断裂；当等效塑性应变为0.5时绝热剪切产生。总之，有限元方法在有关ASB的数值模拟方面起了巨大的作用，现在依旧是最为常用的方法，有强大的生命力。

1.3 研究内容

本书结合前人在本领域研究的现况及存在的问题通过实验研

第一章 绪论

究、理论分析和数值模拟等方法来研究结构钢的绝热剪切敏感性与材料成分微观组织结构的关系。论文研究工作主要从以下几个方面进行：

（1）结构钢热粘塑性本构关系研究

通过选择能够反映材料应变强化、应变速率强化及热软化特性的Johnson-Cook热粘塑性本构关系，利用准静态和高应变率下的实验数据，采用最小二乘法原理拟合两种成分、三种典型组织材料本构关系中的五个待定参数；对应变率硬化指数进行修正；分析本构关系参数与结构钢成分、组织的关系。

（2）微观组织对绝热剪切的影响规律研究

利用SHPB上的帽型试样强迫剪切实验，系统地研究两种成分、三种典型组织材料的绝热剪切敏感性。通过实验样品的金相显微镜、扫描电镜的微观组织观察，分析研究结构钢成分组织对绝热剪切带的发生、扩展及绝热剪切带间距的影响规律。

（3）绝热剪切数值现象的2D数值模拟研究

通过选择恰当的模型和科学的空间离散化，对两种成分、三种典型组织结构钢材料SHPB加载过程进行数值模拟计算，数值重现帽型试样高应变条件下的绝热剪切变形历程。基于应力塌陷绝热剪切形成判据分析加载速率、结构钢成分、组织对绝热剪切变形的影响规律。

（4）绝热剪切数值现象的3D数值模拟研究

利用有限元数值模拟方法计算分析预制双缝裂纹平板冲击加载过程，对裂尖的绝热剪切带的萌生、剪切带方位、剪切带发生的临界速度、剪切带的扩展方向等进行预测分析研究；采用空气炮加载进行平板冲击实验研究，验证数值模拟的正确性。数值模拟方法在一定程度上可以预测材料的绝热剪切敏感性，可为高应变率条件下材料设计和表征的实现提供依据。

参考文献

[1] 才鸿年，王鲁，李树奎. 战斗部材料研究进展[J]. 中国工程科学，2002，14（12）：21-27.

[2] Meyers M A. Dynamic behavior of materials[M]. New York：John Wiley & Sons Inc，1994：448-486.

[3] Grady D E. Dissipation in adiabatic shear bands[J]. *Mech Mater*.1994，17（3）：289-293.

[4] Dobromyslov A V，Taluts N I，Kazantseva N V. Formation of Adiabatic Shear Bands and Instability of Plastic Flow in Zr- and Zr-Nb Alloys in Spherical Stress Waves[J]. *Scripta Mater*，1999，42（1）：61-71.

[5] Backman M E，Goldsmith W. The Mechanics of penetration of projectiles into targets[J]. *Int J Engng Sci*，1978，16（1）：1-99.

[6] Li Q，Xu Y B，Bassim M N. Dynamic Mechanical Properties in Relation to Adiabatic Shear Band Formation in Titanium Alloy-Ti17[J]. *Mater Sci Eng A*，2003，358（1-2）：128-133.

[7] Dai L H，Liu L F，Bai Y L. Formation of Adiabatic Shear Band in Metal Matrix Composites[J]. *Inter J of Solids & Structures*，2004，41（22-23）：5979-5993.

[8] Batra R C，Love B M. Adiabatic Shear Bands in Functionally Graded Materials[J]. *J of Thermal Stresses*，2004，27（12）：1101-1123.

[9] Magness L S. Improving Mechanical Properties of Tungsten Heavy Alloy Composites Though Thermo-mechanical Processing，Proc. First Int. Conf. On Tungsten

and Tungsten Alloys Arlington[J]. *Metal Power Industries Federation*, 1992, 127-132.

[10] Magness L S. High Strain Rate Deformation Behavior of Kinetic Energy Penetrator Materials during Ballistic Impact[J]. *Mech of Mater*, 1994, 17: 147-154.

[11] Whright T W. The Physics and Mathematics of AdiabaticShear Bands[M]. Bridge: Combridge University Press, 2002.

[12] 杨扬, 程信林. 绝热剪切的研究现状及发展趋势[J]. 中国有色金属学报, 2002, 12（3）: 401-408.

[13] Johnson G R, Cook W H. High velocity oblique impact and ricochet mainly of long rod projectiles[C]. Proceedings of the 7th International Symposium on Ballistics. Netherlands: The Hague, 1983.

[14] Steinberg D J, Cochran S G, Guinan M W. A constitutive model for metals applicable at high-strain rate[J]. *J Appl Phys*, 1980, 51（3）: 1498-1504.

[15] 李茂生, 王正言, 陈栋泉, 等. 与密度、温度、压强以及应变率相关的弹塑性本构模型[J]. 高压物理学报, 1992, 6（1）: 54.

[16] Hua Jing-song, Jin Fu-qian, Dong Yu-bin, et al .Constitutive study foe tungsten alloys under high pressure[J]. *Acta Phycica Sinica*, 2003, 52（8）: 2005-2009.

[17] Zerilli F J, Armstrong R W. Dislocation mechanics based constitutive relations for material dynamics calculations[J]. *J Appl Phys*, 1987, 61（5）: 1816-1825.

[18] Nemat-Nasser S, Guo Wei-guo, Nesterenko V F. Dynamic response of conventional and hot isostatically pressed Ti-6Al-4V alloys[J]. *Experiments and Modeling Mechanics of Materials*, 2001, 31（4）: 425-439.

[19] Batra R C, Chen L. Effect of viscoplastic relations on the instability strain, shear band initiation strain, the strain corresponding to the minimum shear band

spacing, and the band width in a thermoviscoplastic material[J]. *International Journal of Plasticity*, 2001, 17 (8): 1465-1489.

[20] 周光泉, 程经毅. 冲击动力学进展[M]. 合肥: 中国科学技术大学出版社, 1992, 58-87.

[21] Culver R S. Metal Effects at High Strain Rates[M]. New York: Plenum Press, 1973, 519-575.

[22] 徐天平, 王礼立, 卢维娴. 高应变速率下的钛合金Ti-6Al-4V的热-粘塑性特性和绝热剪切变形[J]. 爆炸与冲击, 1987, 7 (1): 1-7.

[23] 包合胜, 王礼立, 卢维娴. 钛合金在低温下的高速变形和绝热剪切[J]. 爆炸与冲击, 1989, 9 (2): 109-119.

[24] Wright T W, Walter J W. On stress collapse in adiabatic shear bands[J]. *J Mech Phys Solids*, 1987, 35 (6): 701-720.

[25] T Z Blazynski 著, 唐志平, 羡梦梅, 施绍裘译. 高应变率下的材料[M]. 合肥: 中国科学技术大学出版社, 1992: 41-59.

[26] Bai Y L. Adiabatic shear banding[J]. *Res Mechanica*, 1990, 31 (1): 133-203.

[27] Timothy S P. Structure of adiabatic shear bands in metals: A critical review[J]. *Acta Metall*, 1987, 35 (2): 301-306.

[28] Rogers H C, Shastry C V. In Shock Waves and High-Strain-Rate Phenomena in Metals[M]. New York: Plenum Press, 1981, 285-298.

[29] Wmgrove A L, Wulf G L. Some aspects of target and projectile properties on penetration[M]. *J Aust Inst Met*, 1973, 18: 167-172.

[30] Bedford A J, Wingrove A L, Thompson K R L. The phenomenon of adiabatic shear deformation[J]. *J Aust Inst Met*, 1974, 19:61-73.

[31] Rogers H C. Adiabatic Plastic Deformation[J]. *Ann Rev Mat Sci*, 1979, 9:283-311.

[32] Murr L E, Staudhammer K P, Meyers M A In Metallurgical Applications of Shock-Wave and High-Strain-Rate Phenomena[M], Marcel Dekker, New York and Basle, 1986, 607-632.

[33] Rogers H C. In material behaviour under high stress and ultra-high-landing rates[M]. New York: Plenum Press, 1983, 101-108.

[34] 段春争. 正交切削高强度钢绝热剪切行为的微观机理研究[D]. 大连：大连理工大学博士学位论文，2005.

[35] 杨扬，张新明，李正华，等. α-钛/低碳钢爆炸复合界面结合层内的绝热剪切现象[J].中国有色金属学报，1995，S（2）：93-97.

[36] 魏志刚，李永池，李剑荣. 胡时胜冲击载荷作用下钨合金材料绝热剪切带形成机理[J]. 金属学报，2000，36（12）：1263-1268.

[37] Clos R, Schreppel U, Veit P. Temperature, microstructure and mechanical response during shear-band formation in different metallic materials[J]. *J Phys IV France*, 2003, 110: 111-116.

[38] Bai Y L, Xue Q, et al.Characteristic and Microstructure in the Evolution of Shear Localization in Ti-6Al-4V Alloys[J].*mechanics of Materials*, 1994, 17:155-164.

[39] Meyers M. Defects Generation in Shock-wave Deformation. In Shock-wave and High Strain Rate Phenomena in Metals[M], New York Plenum Press, 1981：487-530.

[40] Zurek K A.The Study of Adiabatic Shear Band Instability in Pearlitic 4340 Steel Using a Dynamic Punch Test[J]. *Metallurgical and Materials Transaction A*, 1994, 25A:2483-2489.

[41] Zatorski Z. Ballistic Penetration Response of High Strength Bainitic Steel[J]. *Journal De Physique IV France*, 1997, 7, C3:571-577.

[42] Meyer L W, Seifert K, Abdel-Malek S. Behavior of Quenched and Tempered Steels under High Strain Rate Compression Loading[J]. *Journal De Physique*

IV France, 1997, 7, C3:571-577.

[43] Cepus E, Liu C D, Bassim M N.The Effect of Microstructure on the Mechaanical Properties and Adiabatic Shear Band in a Medium carbon Steel[J]. *Journal De Physique IV France*, 1994, 4, C8:553-558.

[44] Meyers M A, Wittman C L. Effect of Metallurgical Parameters on Shear Band Formation in Low-carbon (0.2 Wt Pct) Steels[J]. *Metallurgical Transaction A*, 1990, 21A:31 53-64.

[45] 王琳. 侵彻过程中钢质空心弹的变形和断裂特征研究[D]. 北京：北京理工大学博士学位论文, 2002.

[46] Xu Y B. Formation Microstruction and Development of the Localized Shear Deformation in Low-carbon Steels[J]. *Acta Materials*, 1996, 44（5）：1917-1926.

[47] 杨卓越, 赵家萍.金属材料中绝热剪切带微观结构综述[J].华北工学院学报, 1995, 16（4）：327-333.

[48] Zener C, Hollomon J H. Thermal plastic instability in-ballistic impact[J]. *J Appl Phys*, 1944, 15:22-32.

[49] Andrade U, Meyers M A. Dynamic recrystallization in high-strain, high-strain-rate plastic deformation of copper[J]. *Acta Metal Mater*, 1994, 42:3183-3195.

[50] Perez-Prado M T, Hines J A, Vecchic K S. Microstructural evolution in adiabatic shear bands in Ta and Ta-W alloys[J]. *Acta Mater*, 2001, 49:2905-2915.

[51] Hines J A .Dynamic Recrystallization in adiabatic shear bands[J]. *La Jolla*, CA, 1996.

[52] Hines J A, Vecchio K S .Recrystallization kinetics within adiabatic shear bands[J]. *Acta Mater*, 1997, 45（2）：635-649.

[53] Nemat-Nasser S, Isaacs J B, Liu Ming-qi .Microstructure of high-strain, high-strain rate deformed tantalum[J]. *Acta Mater*, 1998, 46（4）：1307-1325.

[54] Nesterenko V F, Meyers M A. Shear localization and recrystallization in

high-strain-rate deformation of tantalum[J]. *Mater Sci Eng*, 1997, 229:23-41.

[55] Meyer M A, Vhen Y J .High-strain high-strain-rate behavior of tantalum[J]. *Meter Trans A*, 1995, 26:2493-2501.

[56] 谭成文. 破片特征参数预测中的若干问题研究[D]. 北京：北京理工大学博士学位论文，2004.

[57] 谭成文，王富耻，李树奎. 绝热剪切变形局部化研究进展及发展趋势[J]. 兵器材料科学与工程，2002，26（5）：62-66.

[58] Wright T W, Ockendon H. A model for fully formed shear bands[J]. *J Mech Phys Solids*, 1992, 40（6）: 1217-1226.

[59] Dean J R. Analysis of adiabatic shear banding in a thick-walled steel tube by the finite element method[J]. *Institute and State University*, 1996. 1-2.

[60] Lebouvier A S, Lipinski P. Numerical study of the propagation of an adiabatic shear band[J]. *J Phys IV France*, 2000, 10（4）: 403-408.

[61] Kalthoff J F. Shadow optical analysis of dynamic shear fracture[J]. *Photomechanics and speckle Meteorology*, 1987, 1814: 531-538.

[62] Kalthoff J F, Winkler S. Failure mode transition at high rates of shear loading. In Impact Loading and Dynamic Behavior of Materials[J]. *Informations gesellaschaft Verlag Bremen*, 1987: 185-195.

[63] Mason J J, Rosakis A J, Ravichandran G. Full field measurements of the dynamic deformation field around a growing adiabatic shear band tip of a dynamically loaded crack or notch[J]. *J Mech Phys Solids*, 1994a, 42: 1679-1697.

[64] Mason J J, Rosakis A J, Ravichandran G. On the strain and strain-rate dependence of the fraction of plastic work converted to heat: an experimental study using high speed infrared detectors and Kolsky bar[J]. *Mechs Materials*, 1994b, 17: 135-150.

[65] Zhou M, Rosakis A J, Ravichandran G. Dynamically shear bands in

prenotched plates: I-Experimental investigations of temperature signatures and propagating speed[J]. *J Mech Phys Solids*, 1996a, 44: 981-1006.

[66] Needleman A, Tvergaard V. Analysis of brittle-ductile transition under dynamic shear loading[J]. *Int J Solids Structures*, 1995, 44: 2571-2590.

[67] Zhou M, Rosakis A J, Ravichandran G. Dynamically propagating shear bands in prenotched plate: II-Finite element simulations[J]. *J Mech Phys Solids*, 1996b, 44: 1007-1032.

[68] Batra R C, Nechitailo N V. Analysis of failure modes in dynamically loaded pre-notched steel plates[J]. *Int J Plasticity*, 1997, 13: 291-308.

第二章 结构钢热粘塑性本构关系研究

2.1 引言

材料在高应变速率下的动态响应特性的本构描述在许多工程应用中非常重要，准确地反映材料应变率敏感程度及建立简单实用的材料本构关系是高应变率环境下材料研究的重要内容。目前，国内外都很重视应变速率、温度对材料力学性能的影响[1-6]。

材料的本构关系反映了材料在外界因素的作用下的力学行为，也反映了材料本身的内在特性，特别是受到温度、应变速率的影响。由于计算机技术的迅速发展和数值计算方法的不断完善，数值模拟技术成了优化生产最实用、最便利的手段。而要实现材料性能预测性的数值模拟，必须建立较为精确的描述材料流变性质的本构模型，为此种材料的数值模拟和更深入地研究其流变粘性效应奠定基础。

绝热剪切变形断裂是高应变率条件下材料独特而普遍的失效模式。不同材料发生绝热剪切变形的难易程度存在很大的差别，材料的绝热剪切特性又直接影响材料的使用性能，因此必须了解各种材料绝热剪切变形局域化的敏感程度。国内利用数值模拟技术来研究材料高应变率条件下的变形特征的工程技术人员，多半都是参考国外的现有工作来给出相关的材料常数,这势必给计算结果的可信度带来质疑[7]。

为了研究结构钢绝热剪切敏感性,本章基于两种成分、三种典型组织的结构钢在不同应变率下实验结果,根据材料的应力-应变响应特性,研究描述材料力学行为的本构关系,拟合了本构关系中的参数,分析了材料成分组织与本构关系参数间的关系,为数值模拟提供数据支持。

2.2 实验材料与实验方法

2.2.1 实验材料

为获得不同应变率下材料的动态响应特性,选取了20、45钢作为研究对象,并分别对其进行了退火、正火、调质三种工艺处理。材料成分、含量及硬度值见表2.1、表2.2,其原始组织状态如图2.1。

表2.1 材料成分

钢种	C	Si	Mn	S	P	Cr	Ni
20	0.17~0.24	0.17~0.37	0.35~0.65	≤0.035	≤0.035	—	—
45	0.42~0.48	0.17~0.37	0.5~0.8	≤0.035	≤0.035	—	—

表2.2 材料处理工艺、组织、铁素体含量、平均晶粒尺寸、硬度值

	工艺	处理工艺	组织	F含量	F平均晶粒尺寸	硬度
20	退火	880℃炉冷	F+P	73.6%	44.7μm	HRB65~70
	正火	920℃空冷	F+P	70.6%	41.1μm	HRB78~82
	调质	920℃盐水+600℃回火	回S	39.5%	26.5μm	HRB85~90

续表

	工艺	处理工艺	组织	F含量	F平均晶粒尺寸	硬度
45	退火	840℃炉冷	F+P	41.5%	40.5μm	HRB82~85
	正火	840℃空冷	F+P	38.2%	34.2μm	HRB90~92
	调质	840℃盐水+600℃回火	回S	25.8%	15.6μm	HRC22~25

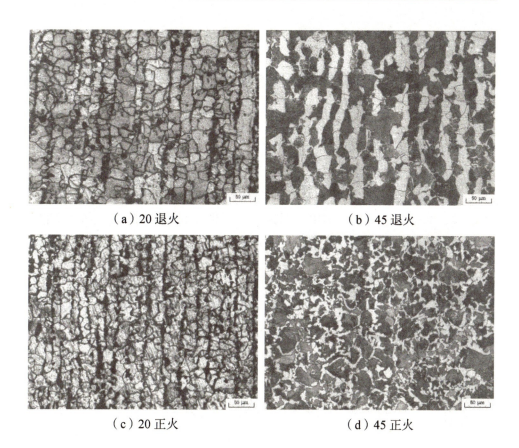

(a) 20 退火　　　　　　　　　　(b) 45 退火

(c) 20 正火　　　　　　　　　　(d) 45 正火

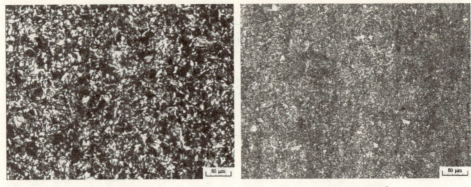

(e) 20调质　　　　　　　　　　(f) 45调质

图2.1　20、45钢不同处理工艺下的原始组织

2.2.2　实验方法及过程

利用本实验室的MTS和Hopkinson压杆设备，选取$\phi 5\times 5$、$\phi 6\times 9$、$\phi 7\times 7$、$\phi 10\times 10$的圆柱试样获得了两种材料，三种不同热处理工艺下准静态和动态应力-应变数据；采用Olympus PME3光学显微镜、IA32定量金相分析软件获得了六种不同类型组织状态的铁素体含量及平均晶粒尺寸；并使用洛氏硬度计测得六种不同组织状态的硬度值。Hopkinson压杆装置原理[8,9]如图2.2所示。

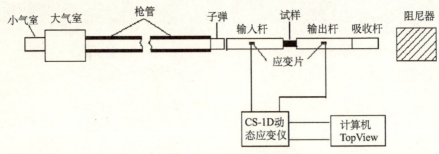

图2.2　Hopkinson装置示意

2.3 实验结果

利用MTS和Hopkinson压杆设备，得到了20、45钢两种材料，三种不同热处理状态在不同加载条件（应变率$10^{-3} \sim 10^3/s$）下的真应力-真应变曲线，如图2.3所示。

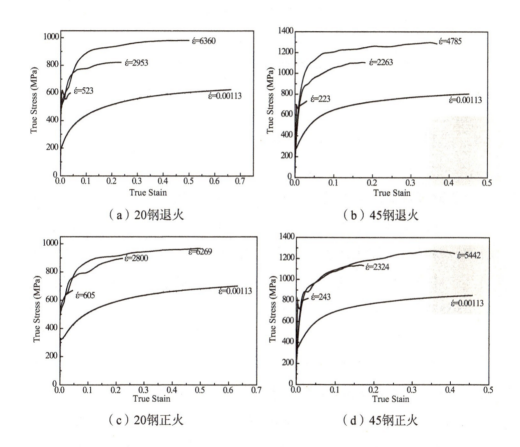

（a）20钢退火　　　　　　　（b）45钢退火

（c）20钢正火　　　　　　　（d）45钢正火

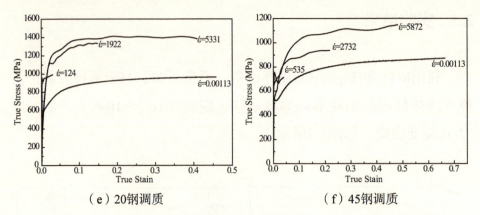

(e) 20钢调质　　　　　　　　　　(f) 45钢调质

图2.3　20、45钢不同热处理状态、不同应变率下的真应力-真应变曲线

2.4　热粘性塑性本构关系的选择

金属材料在高应变速率下的变形可视作绝热过程,局部变形伴有高的局部温升,如果温升引起强度下降大于应变硬化引起的强度增加,材料就会发生热粘塑性本构失稳,这一点已得到了广泛的认同。并且,在高应变速率下材料的流变应力对应变率敏感,材料变形呈现粘塑性特征,因而在高应变率下要采用材料的热粘塑性本构方程。

目前常用的热粘塑性本构关系主要有:Johnson-Cook本构关系[10]、Zerilli-Armstrong本构关系[11]、Wright-Batra本构关系、Power Law本构关系、Bodner-Partom本构关系等[12]。相比较而言,Johnson-Cook模型与Zerrilli-Armstrong本构关系形式更为简单,都引入了材料的应变强化、应变速率强化及热软化参数,但Zerrilli-Armstrong本构关系常用于体心立方及面心立方金属,并且对于不同的晶体结构有着不同的表达形式;Johnson-Cook本构关系可应用于各种晶体结构,其一般形式为:

$$\sigma = (A+B\varepsilon^n)\left[1+C\ln\frac{\dot{\varepsilon}}{\dot{\varepsilon}_0}\right]\left[1-(T^*)^m\right] \quad (2.1)$$

$$T^* = \frac{T-T_r}{T_m-T_r}$$

可以看出该本构关系结构很清晰，三个因子分别表达了流变应力与应变、应变速率及温度之间的关系，分别表征了材料的应变硬化、应变率硬化和热软化特性，各项的物理意义明显易于理解。其中，A、B、C、n、m为5个需要实验确定的参数。其中B为应变硬化系数，C为应变率硬化系数，m为热软化系数，T_r为参考温度（一般取室温值），T_m为熔点温度，$\dot{\varepsilon}_0$一般为参考应变率。本书的研究对象是20、45钢，其晶体结构并不单一，符合Johnson-Cook本构关系所表达的三种效应，因此选择Johnson-Cook热粘塑性本构关系作为表征结构钢高应变率下的动态响应。

2.5　Johnson-Cook本构关系参数拟合

2.5.1　参数A的确定

A为在参考应变率$\dot{\varepsilon}$、室温状态下材料的屈服强度。可以从实验曲线中直接读出。

2.5.2　参数B、n的确定

在准静态或静态及室温时，材料主要存在应变强化效应，可以排除应变率强化和热软化的影响。利用最小二乘法来拟合B、n。将（2.1）式可以写为：

$$\sigma = A + B\varepsilon^n \quad (2.2)$$

式（2.2）即表示了在参考应变率下材料的应力-应变关系。将（2.2）式右边的 A 移到左边，可以写成：

$$\sigma - A = B\varepsilon^n \quad (2.3)$$

将（2.3）式两边取自然对数，并令：

$$\varphi = \sigma - A \quad (2.4)$$

可以得到：

$$\varphi = n\ln\varepsilon + b \quad (2.5)$$

这里 $b = \ln B$。

将准静态曲线上的强度值记做 σ_q，令：

$$\Psi = \ln(\sigma_q - A) \quad (2.6)$$

将（2.5）式与（2.6）式的差记做为：$\varphi_i - \Psi_i$，它表示应变为 ε_i 时的差值。下标 i 为取离散的应变值，如 $\varepsilon_i = 0.01$、0.02、0.04、0.08、0.12、0.16、0.2。也可以取多个应变值。利用最小二乘法技术，我们取七个应变值，使其方差和最小。即

$$\sum_{i=1}^{7}(\varphi_i - \Psi_i) = Minimum \quad (2.7)$$

方差和最小也就是对 b、n 求偏倒数，使其值为0。即

$$\frac{\partial}{\partial b}\sum_{i=1}^{7}(\varphi_i - \Psi_i) = 0 \quad (2.8)$$

$$\frac{\partial}{\partial n}\sum_{i=1}^{7}(\varphi_i - \Psi_i) = 0 \quad (2.9)$$

将（2.6式）代入，相同项消除，即可得到：

$$b = \frac{\sum\Psi_i \ln\varepsilon_i \sum\ln\varepsilon_i - \sum\Psi_i \sum(\ln\varepsilon_i)^2}{\left(\sum\ln\varepsilon_i\right)^2 - 7\sum(\ln\varepsilon_i)^2} \quad (2.10)$$

$$n = \frac{\sum\Psi_i - 7b}{\sum\ln\varepsilon_i} \quad (2.11)$$

即：

$$B = \exp(b) \quad (2.12)$$

上述即是利用最小二乘法拟合B、n的简单拟合过程。这个过程可以通过C语言编写程序来拟合，也可以通过Origin的非线性拟合来完成。

2.5.3 参数C、m的确定

应变率硬化指数C和热软化系数m的确定，要使用高应变率下的数据。据有关文献报道：C的确定一般先忽略温度效应，再利用室温下静态和动态数据而求得；m的确定需高温下的动态数据得到。我们采用估算绝热温升的办法，然后利用编制的C语言程序，用最小二乘法的思想，利用Hopkinson动态数据来拟合C和m。

2.5.3.1 绝热温升的估算

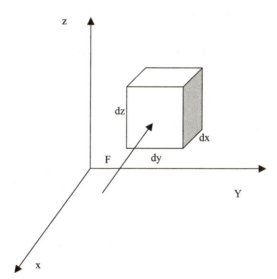

图2.4 瞬态温度场温升求解示意

如图2.4所示，我们假定空间一单元承受外力F的作用，则：

$$dF = \sigma(t)dydz \qquad (2.13)$$

其中$\sigma(t)$为t时刻$dydz$面上的应力。则该单元在外加载荷下的塑性功为：

$$dW = dFd\varepsilon dx = \sigma(t)d\varepsilon dxdydz = \sigma(t)d\varepsilon dV \quad (2.14)$$

$d\varepsilon$为t时刻该单元的应变，dV为该单元体积。

根据塑性变形理论，塑性功转化为内能即热，则该单元产生的热能为：

$$dmC\Delta T(t) = \rho dVC\Delta T(t) \quad (2.15)$$

其中dm为单元质量，C为比热，ρ为密度，$\Delta T(t)$为t时刻的温升。假定塑性功的90%转化为热，则联立（2.14）、（2.15）式，将相同项消掉，可得：

$$\Delta T(t) = 0.9\sigma(t)d\varepsilon / \rho C \quad (2.16)$$

两边求积分即可得到在外加应力下的绝热温升。即：

$$\int_{t1}^{t2} \Delta T(t) = \frac{0.9}{\rho C} \int_{\varepsilon 1}^{\varepsilon 2} \sigma(t) d\varepsilon \quad (2.17)$$

2.5.3.2 参数C、m确定流程

根据最小二乘法原理和如图2.5所示的流程编写C语言程序即可求得C、m。

通过C程序计算得到不同应变率下的C、m值，但对于一种材料在数值模拟时应取固定的C、m值。因此我们取实验中最高应变率下的m值作为该材料本构关系的热软化系数，而将应变率硬化指数设定为应变率的函数，即：

$$C = C_1 \varepsilon^{C_2} \quad (2.18)$$

C_1和C_2可通过一系列的Hopkinson动态数据得到的C值拟合而得到。用固定的m值和随应变率变化的C值，拟合的结果和实验值较

吻合。

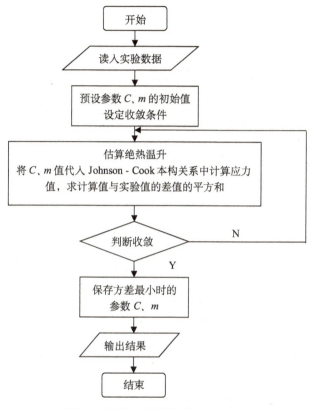

图2.5　最小二乘法拟合C、m流程

2.6　参数拟合结果分析及讨论

2.6.1　参数拟合结果

由于实验测得的为参考应变率为0.00113/s的准静态数据，故先取参考应变率为0.00113/s，采用2.5节的步骤拟合出待定参数。但数值模拟时要求参考应变率为1/s，所以先拟合的结果不能作为模拟时的参数。通过先拟合的参数计算得出应变率为1/s的应力-应变数据，利用计算的数据，重复2.5节的方法，拟合得出参考应变率为1/s的待定参数。六种材料的拟合结果见表2.3所示。

表2.3　Johnson-Cook本构关系参数拟合结果

序号	钢种	A（MPa）	B（MPa）	n	$C = C_1 \varepsilon^{C_2}$		m
					C_1	C_2	
1	20退火	405.036	468.482	0.366	0.00123	0.44	0.716
2	20正火	456.66	525.18	0.52	0.00715	0.25	0.564
3	20调质	545.8	563.87	0.505	0.00067	0.51	0.64
4	45退火	497.75	647.15	0.393	0.00276	0.4	0.626
5	45正火	548.73	645.19	0.415	0.03587	0.029	1.01
6	45调质	793.74	460.25	0.393	0.0255	0.084	0.828

将表2.3本构关系的计算值与实验结果用Origin画图，如图2.6所示。可以看出用拟合参数的计算值与实验值吻合的较好。

图中实线为实验曲线，虚线为计算拟合曲线。

2.6.2　结构钢成分组织对参数A的影响

Johnson-Cook模型中的参数A表征了材料的屈服强度。而表征材料塑性变形抗力的屈服强度是对成分、组织极为敏感的力学性能指标，受许多内在因素的影响，如改变成分或热处理工艺使材料的晶格类型、晶粒大小及亚结构和第二相的分布都会发生相应的改变，从而使屈服强度产生明显变化。同时一些外在因素如温度、应变速率和应力状态都直接影响材料的屈服强度。有关屈服强度的外在影响因素前人做了大量的研究，在此不再探讨。而Johnson-Cook模型

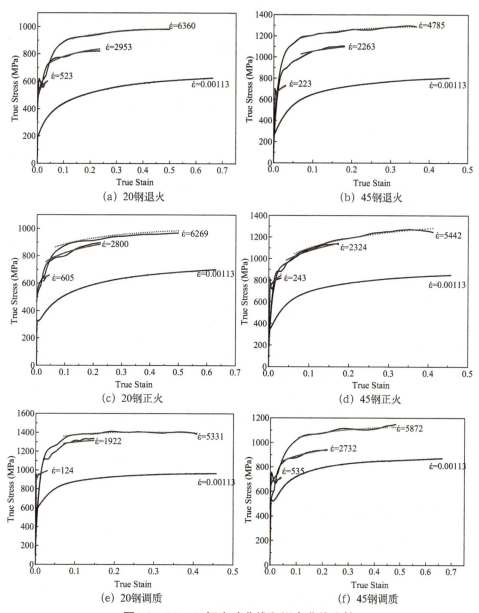

图2.6 20、45钢实验曲线和拟合曲线比较

中A值表示室温下应变速率为1/s状态下的屈服强度,根据拟合的结果和前人的研究结果,将参数A与材料成分组织联系在一起进一步分析讨论。

对不同含碳量的亚共析钢，在同一种热处理工艺条件下获得的组织基本相同，只是各组成相的相对含量有所变化，如经退火、正火处理后得到的组织均为铁素体和珠光体。结合表2.2和表2.3我们可以看出，同一种热处理工艺条件下不同成分的钢，随着含碳量的提高，铁素体含量减少，A值增大。

这里用f_α表示铁素体的含量，对于亚共析钢，将A定义为f_α的函数，即可以表示为：$A=f(f_\alpha)$。将试验数据利用Origin中的函数回归得出A与f_α的关系式如下：

退火态：$\qquad A = 509.65 - 334.65 f_\alpha^{3.8} \qquad$ （2.19）

正火态：$\qquad A = 558.56 - 383.56 f_\alpha^{3.8} \qquad$ （2.20）

调质态：$\qquad A = 4924.87 - 4758.71 f_\alpha^{0.1} \qquad$ （2.21）

这些定量关系对不同成分的亚共析钢在不同热处理状态下的参数A的确定，具有一定的参考价值。

2.6.3 结构钢成分组织对应变硬化指数B、n的影响

在（2.2）式中，令$\sigma_1 = B\varepsilon^n$，将两边取对数得到如下式子：

$$\log \sigma_1 = \log B + n \log \varepsilon \qquad （2.22）$$

将拟合得到的参数代入，作$\log \sigma_1 - \log \varepsilon$曲线，如图2.7所示。

图2.7中的序号1～6分别对应表2.3中的序号，可以看出，n（n为直线的斜率）值越大，应变硬化能力越强。

由图2.7、表2.2和表2.3中可以得出：

对于同一种热处理工艺，随着含碳量的增加，铁素体的含量减少，强度提高，应变硬化能力增强。图2.7中4与1、5与2、6与3比较发现，随着应变量的增加，B、n的综合体现，即图2.7中对应纵轴的值增大，也就是说应变硬化能力提高。

第二章　结构钢热粘塑性本构关系研究

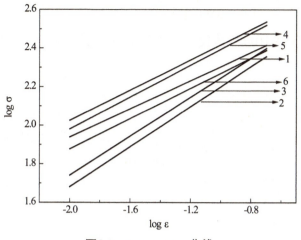

图2.7　$\log \sigma_1$-$\log \varepsilon$曲线

不同组织之间比较，退火态、正火态、调质态的应变硬化能力依次减弱。

同样将 B、n 也定义为 f_α 的函数，即可以表示为：$B = f(f_\alpha)$，$n = f(f_\alpha)$。将试验数据利用 Origin 中的函数回归得出 B、n 与 f_α 的关系式如下：

退火态：
$$B = 3058.19 - 2681.45 f_\alpha^{0.12} \quad (2.23)$$

$$n = 0.4 - 0.08 f_\alpha^{3.8} \quad (2.24)$$

正火态：
$$B = 717.96 - 337.65 f_\alpha^{1.6} \quad (2.25)$$

$$n = -0.15 + 2.09 f_\alpha - 1.62 f_\alpha^2 \quad (2.26)$$

调质态：
$$B = 119.49 + 1689.44 f_\alpha - 1428.93 f_\alpha^2 \quad (2.27)$$

$$n = 0.028 + 1.8 f_\alpha - 1.5 f_\alpha^2 \quad (2.28)$$

2.6.4　结构钢成分组织对应变率硬化指数 C 和热软化系数 m 的影响

将（2.18）式两边取对数，得到如下式子：

$$\log C = \log C_1 + C_2 \log \dot\varepsilon \quad (2.29)$$

将拟合结果中的参数代入，绘出$\log C - \log \dot\varepsilon$曲线，如图2.8所示。

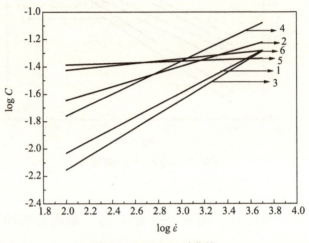

图2.8　$\log C - \log \dot\varepsilon$曲线

由图2.8中可以看出每条直线的斜率即C_2，将C_2值定义为应变率硬化增量，C_2值越大，随着应变率的提高，应变率硬化能力越强。同样对比曲线中的4和1、5与2、6与3，可以得出：

对于同一种热处理工艺，随着含碳量的增加，铁素体的含量减少，应变率硬化增量减小。但就整体应变硬化能力而言，随着含碳量的增加，铁素体的含量减少，退火态、调质态材料，应变率硬化能力增强；而正火态材料则是在应变率小于1500/s时，与退火态、调质态表现出相同规律，当应变率大于1500/s时，随着含碳量的增加，铁素体的含量减少，应变率硬化能力降低。

不同组织之间比较，两种材料表现出不同的规律。

对于20钢，调质态、退火态、正火态应变率硬化能力依次增强；对于45钢，正火态、调质态、退火态应变率硬化能力依次增强。

同样将某一固定应变率下的 C 也定义为 f_α 的函数，即可以表示为：$C = f(f_\alpha)$。将试验数据利用Origin中的回归函数得出 C 与 f_α 的关系式如下：

退火态： $\qquad C = 0.17 - 0.38 f_\alpha + 0.27 f_\alpha^2 \qquad$ （2.30）

正火态： $\qquad C = 0.055 - 0.05 f_\alpha - 0.05 f_\alpha^2 \qquad$ （2.31）

调质态： $\qquad C = 0.1 - 0.26 f_\alpha + 0.22 f_\alpha^2 \qquad$ （2.32）

热软化系数 m 值越小，热软化能力越强。从表2.3中可以看出，成分不同、组织不同的材料有不同规律。

对于同一种热处理工艺，随着含碳量的增加，铁素体的含量减少，正火态、调质态材料热软化系数 m 值增大，热软化能力减弱；而退火态材料正好相反，随着含碳量的增加，热软化能力增强。

对于20钢，正火态、调质态、退火态热软化能力依次减弱；对于45钢，正火态、调质态、退火态热软化能力依次增强。

2.7　小结

（1）在分析了几种常见的热粘塑性本构关系的基础上，选用了能满足结构钢高应变率条件下应变硬化、应变率硬化和热软化规律的Johnson-Cook热粘塑性本构关系，进行了两种成分、三种典型组织材料本构关系参数拟合及参数与材料成分组织之间的关系的研究。

（2）利用最小二乘法首次拟合了两种成分、三种典型组织材料Johnson-Cook本构关系中的待定参数，修正了应变率硬化指数，即应变率硬化指数不是常数，而是应变率的幂函数。拟合的本构关系参数的计算值与实验数据比较，结果吻合较好。

（3）通过拟合得到的参数，分析了参数与材料成分组织之间的关系，结果表明：对于同一种热处理工艺，随着含碳量的增加，铁素体的含量减少，A值增大；应变硬化能力增强；退火态、调质态材料，应变率硬化能力增强，而正火态材料则是在应变率小于1500/s时，应变率硬化能力增强，当应变率大于1500/s时，应变率硬化能力降低；正火态、调质态材料热软化系数m值增大，热软化能力减弱，而退火态材料正好相反，热软化能力增强。相同成分不同组织之间比较，退火态、正火态、调质态的A值依次增大；应变硬化能力依次减弱。应变率硬化能力和热软化能力对于不同成分表现出不同的规律。20钢，调质态、退火态、正火态应变率硬化能力依次增强；正火态、调质态、退火态热软化能力依次减弱。45钢，正火态、调质态、退火态应变率硬化能力依次增强；热软化能力依次增强。

（4）通过Origin函数回归得出了参数A、B、n和C与铁素体含量f_α的定量关系，对亚共析钢Johnson-Cook本构模型参数的确定有一定参考价值。

参考文献

[1] Wang Xue-bin. Calculation of temperature distribution in adiabatic shear band based on gradient-dependent plasticity[J]. *Trans Nonferrous Met Soc China*, 2004, 14（6）: 1062-1067.

[2] Nemat-Nasser S, Guo Wei-guo. Thermomechanical response of DH-36 structural steel over a wide range of strain rates and temperature[J]. *Mechanics of Materials*, 2003, 35:1023-1047.

[3] Kim K W, Lee W Y, Sin H C. A finite element analysis for the characteristics of temperature and stress in micro-machining considering the size effect[J]. *Int J Machine Tools & Manufacture*,1999,39:1507-1524.

[4] 杨柳,罗迎社,许建民,等.20号钢热拉伸流变特性的研究（Ⅰ）[J]. 湘潭大学自然科学学报,2004,26（2）:37-40.

[5] 胡吕明,贺红亮,胡时胜.45号钢的动态力学性能研究[J]. 爆炸与冲击,2003,23（2）:188-192.

[6] 赵社戍,孙训方,匡震邦.描述大应变率范围下材料响应的粘塑性本构模型[J]. 应用力学学报,1997,14（3）:29-33.

[7] 范亚夫,段祝平.Johnson-Cook材料模型参数的实验测定[J]. 力学与实践,2003,25（5）:40-43.

[8] 马晓青.冲击动力学[M]. 北京:北京理工大学出版社,1992.

[9] 马晓青,韩峰.高速碰撞动力学[M]. 北京:国防工业出版社,1998.

[10] Johnson G R, Cook W H. High velocity oblique impact and ricochet mainly of long rod projectiles[C]. Proceedings of the 7th International Symposium on Ballistics. Netherlands: The Hague,1983.

[11] Zerilli F J, Armstrong R W. Dislocation mechanics based constitutive relations for material dynamics calculations[M]. *J Appl Phys*,1987,61（5）:1816-1825.

[12] Batra R C, Chen L. Effect of viscoplastic relations on the instability strain, shear band initiation strain, the strain corresponding to the minimum shear band spacing, and the band width in a thermoviscoplastic material[M]. *International Journal of Plasticity*,2001,17（8）:1465-1489.

第三章 微观组织对绝热剪切的影响规律研究

3.1 引言

由于绝热剪切带的产生受到材料微观结构和性能、加载方式以及环境条件的影响，绝热剪切带的出现具有一定的随机性和复杂性，因而引起了科研工作者广泛的兴趣。Zener和Hollmon[1] 1944年在0.25C%低合金钢落锤实验中观察到白亮的绝热剪切带，这是人类对动态变形下材料微结构响应的首次探索，但在当时并没有引起足够的重视，直到20世纪70年代人们才对这一现象产生兴趣。近三十多年来，大量的研究表明，材料在高应变率下常出现的变形失稳——变形局部化现象是最根本的特征之一。由于绝热剪切带的出现往往伴随着材料随后的突然破坏，对绝热剪切带的研究成为高应变率下的热点问题，同时，由于对绝热剪切带的形成过程缺少实时观察的手段，也成为研究的一个难点。

有关剪切带本身的形成过程、组织特征、内部缺陷以及晶界性质等包含了很多物理、化学、冶金和组织转变等的本质问题，目前关于剪切带的产生与材料的微观不均匀性、材料强化模式，如材料内部的晶界、缺陷、第二相粒子、位错运动等与材料变形信息相关的因素相结合，而这是宏观的连续介质力学所无法克服的，所以剪切带显微组织的研究不是单纯局限在这一现象的本身,而是一个具有多方面的意义。

本章基于两种不同成分、三种不同热处理状态的结构钢的帽型试样强迫剪切实验,在Hopkinson压杆的不同速度的加载条件下研究了材料动态响应的微结构特征,分析了结构钢微观组织对绝热剪切带的影响规律,为高应变率条件下材料设计和表征的实现提供依据。

3.2 实验材料与实验方法

3.2.1 实验材料

实验材料的选取与第二章相同,材料成分、热处理工艺、组织、F含量、平均晶粒尺寸、硬度值见表2.1、表2.2、图2.1。

3.2.2 实验方法及过程

3.2.2.1 试样形状的选择

具有一定截卵形结构的空心侵彻弹,在侵彻和贯穿靶板的过程中,由于惯性效应的存在使得弹体受到很大的阻碍作用,阻力的方向沿着卵形头部的法线方向,如图3.1所示:

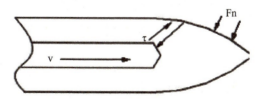

图3.1 壳体侵彻过程受力状态示意

为了模拟空心侵彻弹侵彻和贯穿板靶时，危险截面区域的受力状态，同时考虑到空心侵彻弹弹体的结构特征，选用了图3.2所示的帽型试样。帽型试样是Meyers在1986年首次提出的[2]，由于试样独特的结构特征，因此在外力的作用下可以把试样的塑性变形限制在一个很窄的区域内，这样在试样的剪切区域很容易发生绝热剪切变形，因此许多研究人员都借助这种试样来研究绝热剪切现象[3,4]。帽型试样的结构特征使得其剪切区域的变形、破坏形式同弹体危险截面上的绝热剪切变形具有一定的相似性：

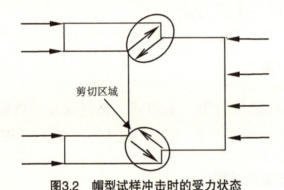

图3.2 帽型试样冲击时的受力状态

（1）帽型试样的结构特征与空心侵彻弹具有一定的类似性，这种结构形状的帽型试样可以反映弹体的一些结构特征。

（2）帽型试样和弹体的受力状态具有一定的相似性。帽型试样的剪切区域在冲击加载过程中要承受巨大的剪切应力，这同弹体危险截面区域的剪切应力状态具有很大的相似性。

（3）两者的塑性变形和断裂机制具有相似性，这也是最为重要的一点。在冲击载荷的作用下，与弹体危险截面区域相对应的帽型试样的剪切区域（以下简称剪切区域）也发生了绝热剪切破坏，同弹体高速侵彻时危险截面区域的绝热剪切失效相对应。

基于以上考虑，采用帽型试样作为模拟弹体，可以得到与实际穿甲过程中弹体破坏较为相似的绝热剪切机制，以便深入研究弹体的破坏机制。

帽型试样的具体结构尺寸如图3.3所示。以下叙述中所用的金相照片均取自于试样的剪切区域，在下文的叙述中将不再赘述。由于在实验过程中试样的头部受到冲击作用，为了叙述上的简洁，人为地定义了剪切区域、剪切外角和剪切内角。

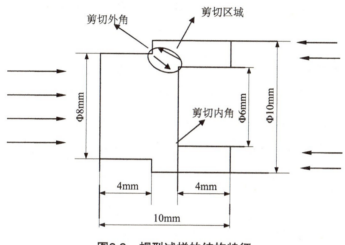

图3.3　帽型试样的结构特征

3.2.2.2　加载设备的选择

实际的弹靶作用过程，是高应变率条件下的冲击过程，而且作用过程中的能量也很大。因此在实验室模拟方案中选择加载设备的时候，就要考虑加载设备所能提供的能量大小以及应变率的范围。

按照应变率的高低不同，将冲击试验分为低应变率试验、中应变率、中高应变率试验和超高应变率试验。其具体类型和试验分类如表3.1所示。依据弹靶作用过程中实际的应变率情况，以及实验条件下各种设备的加载能力,我们选用中高应变率范围内的试验和相应的加载装置。

表3.1 应变率分类

应变率阶段	低应变率	中应变率	中高应变率	超高应变率
应变率(s^{-1})	$10^{-8}\sim10^{-1}$	$10\sim10^2$	$10^2\sim10^4$	$>10^4$
试验类型	蠕变、静态	中等速率	杆冲击	撞击

目前在中高应变率范围内常用的动态测试设备主要为:摆锤式冲击试验机、落锤式冲击试验机及Hopkinson压杆试验技术等[5]。摆锤式冲击试验机冲击速度比较低,只能达到5m/s,加载速度较低,不能满足试验的要求。虽然液压伺服动态试验机的加载速率可达15m/s,但设备价格昂贵,限制了它的实际应用。而落锤式冲击试验机虽然在原则上能够获得大的冲击速度与能量,但它要增加装置高度,并且对地基产生强烈冲击震动,例如,要想获得15m/s的冲击速率,需要将锤头高度增加至12米高,对设备的安全性提出了更高的要求。大能量高速材料试验机的应变率可达$10\sim10^4 s^{-1}$,加载速度在$5\sim40$m/s连续可调,额定能量为5000J。Hopkinson压杆技术应用较广,发展也相对成熟,应变率可达$10^2\sim10^4 s^{-1}$,虽然它属于高速低能量冲击装置,但基本符合实际弹靶作用过程中的应变速率,结合上述各种动态试验装置的加载速率,我们选择Hopkinson压杆作为加载的试验装置。试样与Hopkinson压杆组合如图3.4所示。

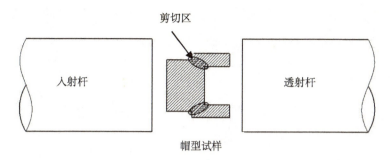

图3.4 试样与Hopkinson压杆组合

3.3 实验结果分析及讨论

对于选取的两种成分、三种不同处理工艺的材料，分别以0.4MPa、0.6 MPa、0.8 MPa、1.0 MPa、1.2 MPa的打击压力加载，相应的加载速度分别为：21.2m/s、25.96 m/s、29.98 m/s、33.52 m/s、36.72 m/s。基于以上实验数据来分析不同的加载方式下不同材料的绝热剪切敏感性。

3.3.1 帽型试样剪切区域微观形貌

将Hopkinson打击的帽型试样沿纵向剖开，制成金相试样，在金相显微镜下观察不同冲击速度下剪切区域的微观形貌。两种材料、三种不同热处理工艺的帽型试样在不同冲击速度下的剪切微观形貌如图3.5所示。图中自左向右加载速度分别为：21.2m/s、25.96 m/s、29.98 m/s、33.52 m/s、36.72 m/s。

从图3.5中可以清楚地看到六类材料不同程度上都有剪切带的出现，因材料而异，剪切带的形态、宽度各显不同。

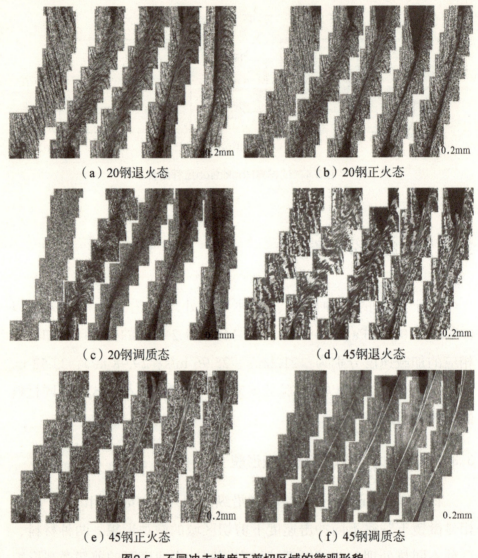

(a) 20钢退火态　　　　　　　　(b) 20钢正火态

(c) 20钢调质态　　　　　　　　(d) 45钢退火态

(e) 45钢正火态　　　　　　　　(f) 45钢调质态

图3.5　不同冲击速度下剪切区域的微观形貌

3.3.2　结果分析讨论

3.3.2.1　SHPB加载速度对绝热剪切带的影响

（1）绝热剪切产生的临界速度

由图3.5中可以看出，在 $V = 25.96$ m/s 加载条件下，两种结构钢材料的正火态、调质态均出现绝热剪切现象，而退火态在$V = 25.96$ m/s加载下绝热剪切现象不是很明显，在$V = 29.98$ m/s加载条件下出现绝热剪切现象。说明强度较高的材料易发生绝热剪切现象。

（2）绝热剪切带的宽度

Wright和Ockendon在分析了沿剪切方向无限延伸的一个有限厚度2h的剪切区内一维剪切过程的基础上，提出了绝热剪切带宽度的计算模型[6-8]。假设剪切区的宽度对于剪切带的厚度来说足够大，剪切带产生在剪切区内部，并且剪切带宽度不依赖于剪切区宽度。剪切变形以$\pm V^*$的速度施加于剪切区上，见图3.6。

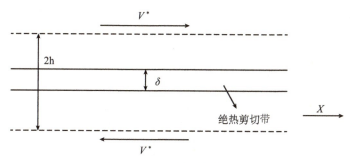

图3.6 一维剪切变形示意

绝热剪切带宽度δ和剪切变形速度V^*的关系为：

$$\delta = 6\sqrt{2C}\frac{k\theta_0}{V^* m\tau_0} \quad (3.1)$$

式中C是应变率敏感系数，k是热导率，m是热软化系数，τ_0是剪切滑移抗力，θ_0为初始温度。

从（3.1）式中可以发现，绝热剪切带宽度与热导率、剪切滑移抗力成反比，与应变率敏感系数、热软化系数成正比。

在SHPB加载过程中，剪切速度V^*与加载速度V之间存在以下关系：

根据动能守恒定理：

$$\frac{1}{2}m_z V^2 = \frac{1}{2}m_r V^{*2} \quad (3.2)$$

其中m_z为子弹的质量，m_r为入射杆的质量。

$$m_z = \rho s_z l_z \quad (3.3)$$

$$m_r = \rho s_r l_r \quad (3.4)$$

其中s_z、l_z为子弹的面积和长度，s_r、l_r为入射杆的面积和长度。由于子弹和入射杆的直径相等，即s_z和s_r相等。将（3.3）式、（3.4）式代入公式（3.2）消除相同项可以得出：

$$V^* = \sqrt{\frac{l_z}{l_r}} V \quad (3.5)$$

将（3.5）式代入（3.1）中可以得出：

$$\delta = 6\sqrt{\frac{2Cl_r}{l_z}} \frac{k\theta_0}{m\tau_0} \frac{1}{V} \quad (3.6)$$

（3.6）式中的等式右边前面三项与材料本身有关，随着加载速度的变化，除应变率硬化指数外，其他项不变。因此将其定义为材料特征常数Mc。故（3.6）式可以简化为：

$$\delta \approx \frac{Mc}{V} \quad (3.7)$$

由（3.7）式中可知，绝热剪切带的宽度与加载速度成反比。

如图3.7所示是利用扫描电镜（SEM）测得的不同材料、不同加载速度条件下剪切区剪切带的宽度，详细数据见表3.2。

第三章 微观组织对绝热剪切的影响规律研究

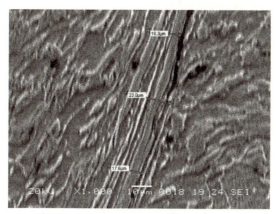

图3.7 扫描电镜测量剪切带宽度

表3.2 不同材料、不同加载速度条件下剪切区剪切带的宽度

钢种	不同加载速度（m/s）下的剪切带宽度（μm）			
	25.96	29.98	33.52	36.72
20退火	—	112	101	90
20正火	91	78	70	63
20调质	72	62	55	51
45退火	—	48	42	39
45正火	42	36	32	29
45调质	37	32	28	26

将表3.2的测量数据和速度绘入双对数坐标中，如图3.8。

从图3.8中可知，每条线的斜率近似等于-1，也就是表明，剪切带宽度与加载速度成反比，与理论推导的（3.7）式结果一致。

从表3.2和图3.8中可以看出，不同成分同类型组织的材料，随着含碳量的提高，铁素体含量减少，剪切带宽度变窄；相同成分不同组织的材料，退火态、正火态、调质态材料的剪切带宽度依次减小，即材料强度越高，剪切带的宽度越窄。

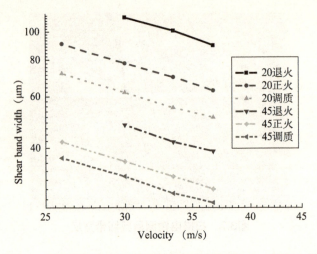

图3.8　不同加载速度下不同材料剪切带的速度—宽度曲线

3.3.2.2　结构钢成分组织对绝热剪切带的影响

（1）相同成分不同组织的绝热剪切特性

从图3.5中可以看出，绝热剪切的萌生先从剪切内角发生。将不同加载条件不同组织的剪切区域微观形貌放大，如图3.9所示。

比较图3.9可以看出，20钢三种组织状态，退火态、正火态、调质态材料，随着强度的提高，绝热剪切带的宽度变窄。由于铁素体比例高，强度较低，在较高速加载条件下，剪切带已扩展为裂纹；45钢三种组织状态，同样退火态、正火态、调质态材料，随着强度的提高，绝热剪切带的宽度变窄。

从图3.5中可以看出，20钢调质态、45钢正火态、调质态中均出现白亮带，形成转变带，其余均为形变带。形变带内的组织沿剪切方向被拉长，具有较大的宽度；而转变带呈细长形，具有明显的边界且宽度很小。

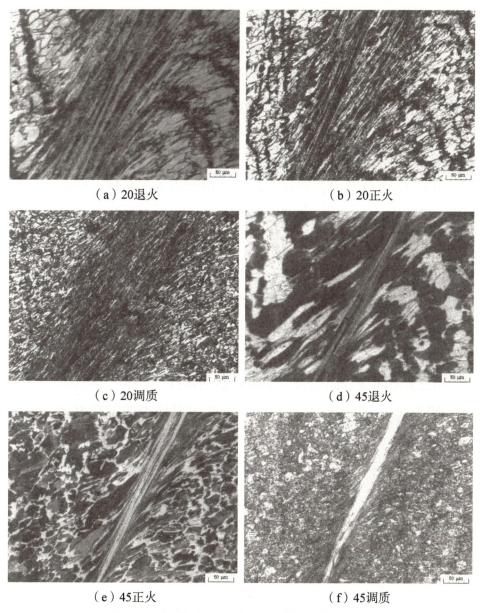

(a) 20退火　　　　　　　　　(b) 20正火

(c) 20调质　　　　　　　　　(d) 45退火

(e) 45正火　　　　　　　　　(f) 45调质

图3.9　$V=29.98$ m/s 不同材料剪切区微观形貌

绝热剪切变形初期形成形变带，随着变形量和变形速率的增加，形变带会进一步发展成为白色剪切带。形变带的形成与塑性变形相类似，材料经过形变后屈服强度增加，硬度提高，韧性变差，相比未变形的材料更易断裂。由于强迫剪切过程中剪切区域具有较高的应变和应变率，同时塑性功转化产生大量的热聚在剪切区内，使该区域瞬时产生极高的温升，出现软化现象，并且材料内部组织发生剧烈变化，晶粒高度畸变、拉长、细化，甚至产生孔洞和裂纹等缺陷。

从图3.5可以看出，裂纹沿着绝热剪切带方向扩展，位置靠近剪切带边界。由于绝热剪切带与基体交界处存在明显的温度和应变梯度，微孔洞或微裂纹很容易在此处萌生和长大，它们迅速聚合沿绝热剪切带扩展形成了宏观裂纹，最后导致材料沿剪切带断裂。

如前所述，绝热剪切带的形成通常包括形变带产生和发展、形变带向转变带的转化、转变带的扩展，直至裂纹沿转变带扩展导致破坏的一系列过程。

（2）不同成分同类组织的绝热剪切特性

利用JSM-5600 SEM扫描电镜观察了剪切带的微观组织。如图3.10～3.12所示。

从图3.10中可以看出，退火态材料剪切带中珠光体和铁素体的晶粒沿剪切方向被拉长，铁素体的含量越高，晶粒碎化程度越严重，由于剪切带中存在微孔洞，孔洞连接形成微裂纹，最后扩展形成宏观裂纹。强度越低，越易产生裂纹。

第三章 微观组织对绝热剪切的影响规律研究

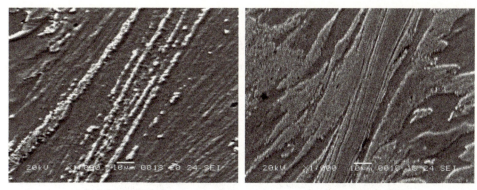

（a）20钢退火态　　　　　　（b）45钢退火态

图3.10　加载速度为36.72 m/s时退火态材料剪切区域微观形貌

从图3.11中可知，正火态材料剪切带区域，随着铁素体含量的减少，晶粒变形越严重。

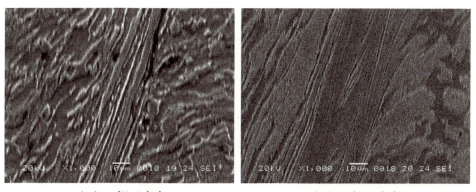

（a）20钢正火态　　　　　　（b）45钢正火态

图3.11　加载速度为36.72 m/s时正火态材料剪切区域微观形貌

SEM下观察发现，形变带内可以看到剪切带内滑移线密集分布，组织沿剪切区被拉长成细条状，整个剪切带区域都呈现出大塑性变形的迹象，见图3.10和图3.11。当加载速度提高时，滑移线变短并且更加密集，带内组织碎化、细化，带宽变窄。转变带内组织比周边变形组织和基体组织更细小，呈现出非变形组织形貌，见图3.12。在剪切带中心和基体之间存在明显的形变过渡区，加载速度越大，剪切带中心区域越窄，组织更加细小。

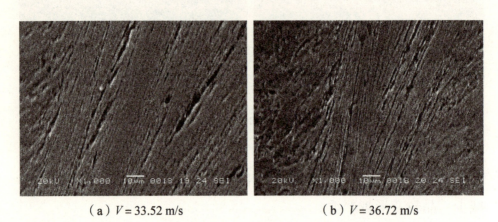

（a）$V = 33.52$ m/s　　　　　（b）$V = 36.72$ m/s

图3.12　20钢调质态不同加载速度下剪切区域微观形貌

3.4　小结

利用SHPB上的帽型试样强迫剪切实验，系统地研究了两种成分、三种典型组织材料的绝热剪切敏感性。实验结果表明：

（1）在SHPB加载条件下，不同材料产生绝热剪切带的临界速度不同。退火态材料$V = 25.96$ m/s加载下绝热剪切现象不是很明显，在$V = 29.98$ m/s加载条件下出现绝热剪切现象；正火态、调质态材料在$V = 25.96$ m/s加载条件下，两种结构钢材料均出现绝热剪切现象。

（2）不同加载速度下绝热剪切宽度的理论计算和实验测量结果表明，随着加载速度的提高，两种成分、三种典型组织材料绝热剪切带的宽度变窄，与加载速度近似成反比例关系。随着含碳量的提高，铁素体含量的减少，剪切带宽度越窄；同成分不同组织的结构钢材料，退火态、正火态、调质态材料的剪切带宽度依次减小。

（3）随着微观组织类型的改变和加载速度的提高，绝热剪切带的显微组织发生了由形变带向转变带的演变。退火态、正火态低速下形成的形变带内的组织沿剪切方向剧烈拉长，正火态高速下、调质态形成的转变带由细晶组织构成。实验结果表明形变带是原始组织经过塑性大变形形成的；转变带是经历再结晶或快速淬火形成的。

（4）随着加载速度的提高，20钢材料的剪切带与基体交界处存在微孔洞或微裂纹，它们迅速聚合沿绝热剪切带扩展形成了宏观裂纹，最后导致材料沿剪切带断裂。

（5）对于相同成分不同类型组织的材料，退火态、正火态、调质态材料的绝热剪切敏感性依次增强；对于不同成分相同类型组织材料，随着含碳量的提高，铁素体含量减少，绝热剪切敏感性增强。

参考文献

[1] Zener C and Hollomon J H. Effect of strain rate upon plastic flow of steel[J]. *J Appl Mech*，1944，15（1）：22-32.

[2] Murr L E, Staudhammer K P, Meyers M A. Metallurgical Applications of Shock-Wave and High-Strain-Rate Phenomena[M]. Dekker, New York, 1986, 657.

[3] Meyers M A, Chen Y J, Marquis F D S , et al. High-strain, high-strain-rate behavior of tantalum, 1995, 26A：2493-2998.

[4] Meyers M A, Andrade U, Chokshi A H .The effect of grain size on the high-strain, high-strain-rate behavior of copper[J]. *Metal Mater Trans*，1995，26 A：

2881-2884.

[5] 史巨元.钢的动态力学性能及应用[M]. 北京：冶金工业出版社，1993，54-55.

[6] Wright T W, Ockendon H. A model for fully formed shear bands[J]. *J Mech Phys Solids*, 1992, 40: 1217-1230.

[7] Wright T W, Ockendon H. A scaling law for the effect of inertia on the formation of adiabatic shear bands[J]. *Int J Plasticity*, 1996, 12: 927-934.

[8] Molinari A. Collective behavior and spacing of adiabatic shear bands[J]. *J Mech Phys Solids*, 1997, 45: 1551-1578.

第四章 绝热剪切现象的2D数值模拟研究

4.1 引言

近年来随着计算机技术的普及和计算速度的不断提高,有限元分析在工程设计和分析中得到了越来越广泛的应用,已经成为解决复杂工程分析计算问题的有效辅助工具。

LS-DYNA是世界上最著名的通用显式动力分析程序,能够模拟真实世界的各种复杂问题,尤其适合求解各种二维、三维非线性结构的高速碰撞、爆炸和金属成型等非线性动力冲击问题,同时可以求解传热、流体及流固耦合问题,在工程应用领域被广泛认可为最佳的分析软件包。

数值模拟能否准确地描绘出所研究对象的机理,取决于数值处理方法、材料模型、和本构参数的选取。本章利用ANSYS/LSDYNA有限元分析软件,对第三章中帽型试样SHPB强迫剪切实验进行了全过程的2D数值模拟。

4.2 基本控制方程和有限元离散

数值方法解决现实中的物理现象,其实质即求解连续介质力学

守恒定理给定的基本方程：[1,2]

（1）质量守恒方程

$$\rho V = \rho_0 \quad (4.1)$$

式中 V 为相对体积，也就是形变梯度张量 F_{ij}，F_{ij} 采用如下定义：

$$F_{ij} = \frac{\partial x_i}{\partial X_j} \quad (4.2)$$

（2）动量守恒方程

$$\sigma_{ij,j} + \rho f_i = \rho \ddot{x}_i \quad (4.3)$$

式中 σ_{ij} 表示Cauchy应力张量，f_i 表示体力密度，ρ 表示质量密度，$\ddot{x}_i$ 表示加速度，","表示偏微分。

（3）能量守恒方程

$$\dot{E} = V s_{ij} \dot{\varepsilon}_{ij} - (p+q)\dot{V} \quad (4.4)$$

式中 s_{ij} 表示应力的偏量，p 表示静水压力，q 表示人工体积粘性，$\dot{\varepsilon}_{ij}$ 表示应变率张量，V 为现时构形体积。s_{ij} 与Cauchy应力的关系可以采用下式来表示：

$$s_{ij} = \sigma_{ij} + (p+q)\delta_{ij} \quad (4.5)$$

$$p = -\frac{1}{3}\sigma_{ij}\delta_{ij} - q \quad (4.6)$$

δ_{ij} 是Kronecker记号，当且仅当 $i = j$ 时其值为1，其余情况其值为0。

（4）边界条件

在边界 ∂b_1 上满足如下应力边界条件：

$$\sigma_{ij} n_i = t_i(t) \quad (4.7)$$

在边界 ∂b_2 上满足如下位移边界条件：

$$x_i(X_\alpha, t) = D_i(t) \quad (4.8)$$

在边界 ∂b_3 上满足：

$$(\sigma_{ij}^+ - \sigma_{ij}^-)n_i = 0 \qquad (4.9)$$

（5）虚功方程

由以上基本方程可以得出：

$$\int_v (\rho \ddot{x}_i - \sigma_{ij,j} - \rho f)\delta x_i dv + \int_{\partial b_1}(\sigma_{ij}n_j - t_i)\delta x_i ds + \int_{\partial b_3}(\sigma_{ij}^+ - \sigma_{ij}^-)n_j \delta x_i ds = 0$$
$$(4.10)$$

应用散度原理，可以得到另外一种形式，即虚功方程为：

$$\delta\pi = \int_v \rho \ddot{x}_i \delta x_i dv + \int_v \sigma_{ij}\delta x_{i,j} dv - \int_v \rho f_i \delta x_i dv - \int_{\partial b_1} t_i \delta x_i ds = 0 \qquad (4.11)$$

它表示控制体 v 内，惯性力和内应力所做的虚功应当与外力（包括体力和面力）所做的虚功相平衡。

（6）有限元离散

采用空间域和时间域分别离散的思想。其中利用空间离散化的有限元方法解上述方程的过程如下：

① 将计算区域化分为有限元网格，单元内的任一点的固定坐标可表示为：

$$x_i(X_\alpha, t) = x_i(X_\alpha(\xi,\eta,\zeta), t) = \sum_{j=1}^{k}\phi_j(\xi,\eta,\zeta)x_i^j(t) \qquad (4.12)$$

式中 $\phi_j(\xi,\eta,\zeta)$ 是几何坐标系 (ξ,η,ζ) 中的型函数，k 表示节点数目，x_i^j 表示第 j 个节点 i 方向的坐标。

② 组集所有 n 个单元，并且要求其满足（4.11）式，即

$$\delta\pi = \sum_{m=1}^{n}\delta\pi_m = 0 \qquad (4.13)$$

$$\sum_{m=1}^{n}\left\{\int_{v_m}\rho \ddot{x}_i \Phi_i^m dv + \int_{v_m}\sigma_{ij}^m \Phi_{i,j}^m dv + \int_{v_m}\rho f_i \Phi_i^m dv - \int_{\partial b_1} t_i \Phi_i^m ds\right\} = 0 \qquad (4.14)$$

式中 $\Phi_i^m = (\phi_1, \phi_2 \cdots \phi_3)_i^m$

③ 将（4.14）式改为矩阵记法，通过求解线性方程组得到原方

程的数值解，即

$$\sum_{m=1}^{n}\left\{\int_{v_m}\rho N^t Na dv + \int_{v_m} B^t \sigma dv - \int_{v_m}\rho N^t b dv - \int_{\partial b_1} N^t t ds\right\}^m = 0 \quad （4.15）$$

式中 N 是插值矩阵，σ 是应力矩阵，即为：

$$\sigma^t = (\sigma_{xx}, \sigma_{yy}, \sigma_{zz}, \sigma_{xy}, \sigma_{yz}, \sigma_{zx}) \quad （4.16）$$

B 为应变-位移矩阵，a 为节点加速度矢量，满足下式：

$$\begin{bmatrix}\ddot{x}_1\\\ddot{x}_2\\\ddot{x}_3\end{bmatrix} = N\begin{bmatrix}a_{x_1}\\a_{x_2}\\\cdots\\a_{x_k}\\a_{x_k}\end{bmatrix} = Na \quad （4.17）$$

b 为体力载荷矢量，t 为外力载荷矢量，可分别表示为：

$$b = \begin{bmatrix}f_x\\f_y\\f_z\end{bmatrix} \quad （4.18）$$

$$t = \begin{bmatrix}t_x\\t_y\\t_z\end{bmatrix} \quad （4.19）$$

网格建立后，就可以将定义在区域上的每个点的力学量，如速度、密度、内能等离散化，即考虑定义的离散点上的这些力学量的值，由于插值方法的不同，这些量定义的离散点也相应有所不同。

4.3 有限元方法的基本求解步骤

有限元方法的求解包含实体建模、有限元网格的划分、计算材料模型的选择和有限元求解。有限元网格的划分是将连续物理实体离散成一个个通过节点连接而成的单元，材料模型的选择是选择合适的本构关系与控制方程组成完备方程组的过程。

4.3.1 有限元模型的建立

本书模拟的物理过程是Split Hopkinson Pressure Bar（SHPB）加载过程，具体示意图见图2.2所示。为了更好地揭示SHPB加载过程中材料的物理本质同时也为了节约计算成本，并考虑与实验条件相吻合，将子弹、入射杆、透射杆、吸收杆和试样用轴对称模型来描述，取各自纵截面的一半进行计算，将一个实际上的三维问题简化为二维问题。前处理过程采用ANSYS完成实体模型的建立和有限元网格的划分（如图4.1）。入射杆、透射杆、吸收杆尺寸见表4.1，试样尺寸如图3.3所示。模型中都采用PLANE162单元网格。各部分单元数及节点数见表4.2所示。

表4.1　SHPB入射杆、透射杆、吸收杆尺寸

	子弹	入射杆	透射杆	吸收杆
直径（mm）	14.5	14.5	14.5	14.5
长度（mm）	195	695	695	1000

表4.2　入射杆、透射杆、吸收杆、试样的节点数和单元数

	子弹	入射杆	透射杆	吸收杆	试样
节点数	331	1155	1155	1659	1278
单元数	246	864	864	1242	1193

(a) SHPB入射杆、透射杆、吸收杆网格图

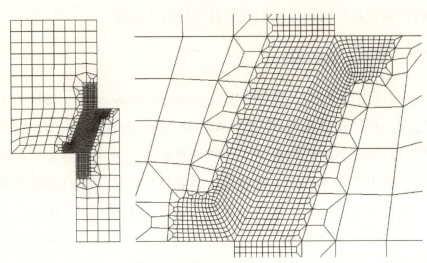

(b) 帽型试样网格及剪切区域细化图

图4.1 有限元网格

为了更好地描述绝热剪切带,单元尺寸必须更小。考虑到剪切带仅局限于一个窄长的区域,为了减少计算开销,采用了两种粗细不同的网格,如图4.1(b)所示。帽型试样剪切区域是发生变形局部化的敏感区域,在该区域单元划分需要比较细密。绝热计算忽略热传导效应,如果计算中网格划分过粗则不能反映剧烈的剪切变形,而网格划分过细,则不能忽略热传导效应,否则表现为塑性功耗散集中在极小区域,变形局部化和失稳提前出现,与实际情况相差很远。考虑到实验中观察到的剪切带宽度不超过100μm,而典型的晶粒尺寸为20~50μm,因此在剪切区域中的最小网格尺寸取为约30μm,远离该区域网格逐渐粗化。

4.3.2 本构模型和材料参数选择

数值模拟中只有选择合适的材料模型及模型参数，才能较好地反映使用环境下的材料性能，从而得到正确的模拟结果。根据我们研究的SHPB加载过程，选取两种不同的材料模型。即子弹、SHPB压杆材料模型和帽型试样材料模型。

（1）子弹、SHPB压杆材料本构模型

考虑加载过程中子弹及SHPB杆不发生塑性变形，近似为弹性体，因此选择弹性本构关系。材料模型及参数见表4.3。

表4.3 子弹和SHPB的本构模型及其参数

*MAT_ELASTIC		
密度	弹性模量	泊松比
7.85g/cm^3	210GPa	0.3

（2）帽型试样本构模型及状态方程

帽型试样在加载过程中，其剪切区域承受强烈的剪切变形，出现了绝热剪切带。为了更好地模拟绝热剪切过程，需引入能反映应变硬化、应变率硬化和热软化的本构关系，才能得出正确的结果。因此选取Johnson-Cook本构模型。

Johnson-Cook本构模型：

$$\sigma = (A + B\varepsilon^n)\left[1 + C\ln\frac{\dot{\varepsilon}}{\dot{\varepsilon}_0}\right]\left[1 - (T^*)^m\right] \quad (4.20)$$

其中
$$T^* = \frac{T - T_r}{Tm - Tr} \quad (4.21)$$

可以看出，Johnson-Cook本构关系中三个因子分别表达了流变应力与应变、应变速率及温度之间的关系，分别表征了材料的应变硬化、应变率硬化和热软化特性。

本构关系中的五个参数见表2.3，其他在LS-DYNA计算中所用到的数据如下：

密度$\rho = 7.85\text{g/cm}^3$　　弹性模量 $E = 210\text{GPa}$　　剪切模量 $G = 0.76\text{GPa}$

初始温度 $T_r = 298\text{K}$　　熔点 $T_m = 1765\text{K}$　　比热 $c = 452\text{J}/(\text{Kg.K})$

泊松比 $v = 0.3$

在第二章中得到的应变率硬化指数C为应变率的函数，根据实验测得的不同材料在不同加载速度下的应变率和应变硬化指数参见表4.4。

在LS-DYNA计算中Johnson-Cook本构关系要求与状态方程相匹配，采用Mie-Gruneisen状态方程[2]。其中定义压缩材料的压力P为：

$$p = \frac{\rho_0 C^2 \mu [1 + (1 - \frac{v_0}{2})\mu - \frac{a}{2}\mu^2]}{[1 - (S_1 - 1)\mu + S_2 \frac{\mu^2}{\mu+1} - S_3 \frac{\mu^3}{(\mu+1)^2}]^2} + (\gamma_0 + a\mu)E \quad (4.22)$$

式中C为$u_s - u_p$曲线的截距，S_1，S_2，S_3，是$u_s - u_p$曲线斜率的系数，γ_0是Gruneisen常数，a是对γ_0的一阶体积修正，$\mu = \rho/\rho_0 - 1$。具体输入参数如表4.5。

表4.4　不同加载速度下的应变率和应变硬化指数

钢种	不同加载速度（m/s）下的应变率S^{-1}					不同加载速度（m/s）下的C				
	21.2	25.96	29.98	33.52	36.72	21.2	25.96	29.98	33.52	36.72
20退火	763	1416	1534	1815	2188	0.023	0.03	0.031	0.033	0.036
20正火	823	1317	1551	1946	2254	0.038	0.043	0.045	0.047	0.049
20调质	675	1220	1549	1814	2128	0.019	0.026	0.029	0.032	0.034
45退火	1032	1391	2000	2174	2524	0.044	0.05	0.058	0.06	0.063
45正火	976	1311	1797	2204	2605	0.0438	0.044	0.0446	0.0448	0.045
45调质	724	1335	1785	2121	2503	0.044	0.047	0.048	0.0485	0.049

表4.5 Mie-Grunesien状态方程输入参数

C	S_1	S_2	S_3	G_0	A	E_0	V_0
0.4569	1.49	0.000	0.000	2.17	0.000	0.000	1.0

4.4 数值模拟中的绝热剪切判据

绝热剪切判据的建立基于"热塑失稳"理论。当绝热温升所致的热软化效应超过应变硬化和应变率硬化效应时，材料中将出现绝热剪切现象。

一般认为材料的强度是温度和应变的函数

$$\tau = \tau(\varepsilon, \theta(\varepsilon)) \quad (4.23)$$

式中ε为应变、θ为温度。由于温度是塑性功转化为热导致的，故温度也是应变的函数，则根据热塑失稳理论，可知产生绝热剪切的条件为：

$$\frac{d\tau}{d\varepsilon} = \frac{\partial \tau}{\partial \varepsilon} + \frac{\partial \tau}{\partial \theta}\frac{d\theta}{d\varepsilon} \leq 0 \quad (4.24)$$

当（4.24）式等于零时绝热剪切萌生。式中$\partial \tau/\partial \varepsilon$表示材料等温变形时的应力-应变关系的斜率，$\partial \tau/\partial \theta$表示单位温升引起的强度变化，这两个都是材料本身的特性，可由实验确定，$d\tau/d\varepsilon$表示不同的温升模型。

科学工作者从不同的角度研究绝热剪切判据，给出了相关的一些准则。Recht[3]利用Carslaw[4]的温升模型，得出了高速切削中绝热剪切带形成的临界应变率准则。

$$\dot{\varepsilon} = 4\pi k \rho C_V J(\varepsilon - \varepsilon_y)\left(\frac{\partial \tau/\partial \varepsilon}{\partial \tau/\partial \theta}\right)^2 \frac{W^2}{\tau^2 L^2} \quad (4.25)$$

当变形的应变率高于临界应变率时就会发生绝热剪切。式中$\dot{\varepsilon}$为平均应变率，k 为热传导系数，ρ 为比重，Cv 为比热，J 为热功当量，ε 为剪切应变，εy 为剪切屈服应变，θ 为温度，W 为热功转换系数，τ 为剪切应力，L 为长度。

Culver[5]认为材料的本构关系为应变硬化模型，提出了临界应变准则：

$$\varepsilon_c = \frac{n\rho C_v}{\alpha |\partial \sigma / \partial T|} \quad (4.26)$$

式中，ε_c 为发生绝热剪切时的临界应变，n 为应变硬化指数。

早期的这些单变量准则只是考虑单一因素的影响，对绝热剪切这样的复杂过程来说还不够准确，因此徐天平、王礼立等在单变量准则的基础上给出了一个同时与应变和应变率都相关的双变量准则，尽管在他们的准则中考虑了应变的影响作用，但是却没能考虑温度的作用。王礼立在考虑了三者影响的基础上提出了包含应变、应变率和温度的三变量准则[6]。假设材料的本构方程为：

$$\tau = \tau(\gamma, \dot{\gamma}, \theta) \quad (4.27)$$

其中 t 为剪切力，γ 为剪应变，$\dot{\gamma}$ 为剪应变率，θ 为温度，其全微分为：

$$d\tau = \left(\frac{\partial \tau}{\partial \gamma}\right)_{\dot{\gamma},\theta} d\gamma + \left(\frac{\partial \tau}{\partial \dot{\gamma}}\right)_{\gamma,\theta} d\dot{\gamma} + \left(\frac{\partial \tau}{\partial \theta}\right)_{\gamma,\dot{\gamma}} d\theta \quad (4.28)$$

其中 $\partial \tau/\partial \gamma$ 表征材料的应变硬化特性，$\partial \tau/\partial \dot{\gamma}$ 表征材料的应变率硬化特性，这两者一般大于零，$\partial \tau/\partial \theta$ 表征材料的热软化特性，一般小于零。可以得到绝热剪切判据为：

$$\frac{d\tau}{d\gamma} = \frac{\partial \tau}{\partial \gamma} + \frac{\partial \tau}{\partial \dot{\gamma}}\frac{d\dot{\gamma}}{d\gamma} + \frac{\partial \tau}{\partial \theta}\frac{d\theta}{d\gamma} = 0 \quad (4.29)$$

研究人员根据（4.29）提出了诸多包括应变率硬化的绝热剪切

临界判据，但这些判据都是建立在严格的假设基础之上，其应用范围很窄。

Wright[7]在对剪切带的数值模拟中发现了剪切带上应力随时间演化的普遍特征，即当剪切带形成时会出现应力突然下降的现象，Wright将其称之为应力塌陷（Stress Collapse），同时他建议将应力塌陷作为剪切带的形成的判据。Gummalla[8]采用Johnson-Cook关系研究了材料和几何参数对裂尖变形的影响。他认为在准静态拉伸和压缩实验中当最大拉压力准则等于屈服强度的两倍时，材料发生脆性断裂；当等效塑性应变为0.5时绝热剪切产生。

实际上绝热剪切带的形成判据不仅包括试验的外部条件（应变、应变率、温度），而且包含材料本身的内在因素，如合金化、微观组织以及其他材料参数。本书根据实验条件，在数值模拟中采用应力塌陷作为绝热剪切带形成的判据，并根据剪切带区域的温升估算确定剪切带的类型。

4.5　数值模拟结果及分析

4.5.1　SHPB实验曲线与模拟结果的比较

在SHPB实验中，为了记录入射杆、透射杆和试样上的应变信号，在入射杆和透射杆中间表面沿轴线方向贴有箔式电阻应变片并与动态应变仪和计算机相连接。为了验证模拟过程与SHPB加载过程的一致性，选取了入射杆和透射杆中间单元（2375、3242），输出沿Y轴方向表面的应变，和实验测得的电压信号转换后的应变值绘制在Origin图中。图4.2为两种材料（20钢退火态、45钢调质态）在不同加载速度下实验曲线与模拟结果的比较。曲线中虚线为实验曲线，实线为计算曲线。

图4.2中A、B、C、D、E图分别为20钢退火态帽型试样SHPB实验中21.2 m/s、25.96 m/s、29.98 m/s、33.52 m/s、36.72 m/s加载速度下实验测得的曲线和计算的Y轴应变的比较；F、G、H、I、J分别为45钢调质态帽型试样SHPB实验中21.2 m/s、25.96 m/s、29.98 m/s、33.52 m/s、36.72 m/s加载速度下实验测得的曲线和计算的Y轴应变的比较。从图中可以看出，实验曲线与计算结果吻合得很好，说明所选取的杆的本构模型是正确的。模拟结果与实验值的吻合程度决定了计算的精度，这同样说明了有限元模型和材料本构关系能够真实地反映实验过程。

从图4.2中G、H、I、J图的透射波波形可以看出，波的宽度越窄且有突降，说明45钢调质态材料发生的绝热剪切变形越明显，并且速度越高，变形越剧烈。图4.2中D、E、F图透射波的高度越低，说

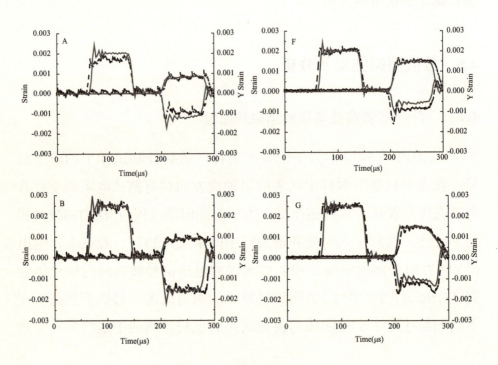

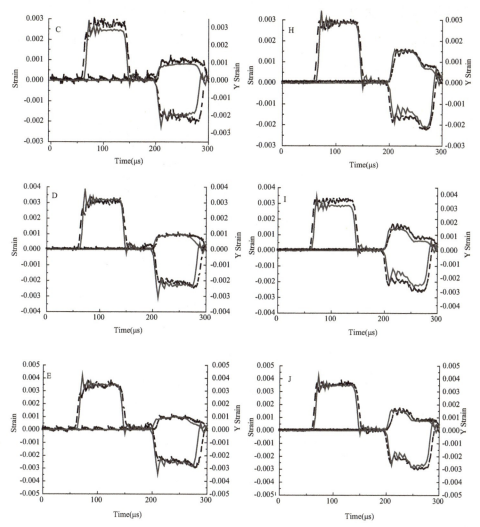

图4.2 SPHB实验曲线与计算结果比较

明变形越大。同样随着速度的提高，透射波下降的越快，越易发生剪切变形。

4.5.2 加载速度对绝热剪切带的影响

为了考察绝热剪切带的形成过程，选取了如图4.3所示剪切区域的特征单元来加以分析。其中单元674位于剪切内角，单元901位于剪切外角，单元840位于剪切中间，单元759、821则介于前三个单元之间。这五个单元均位于剪切内外角的对角线上。

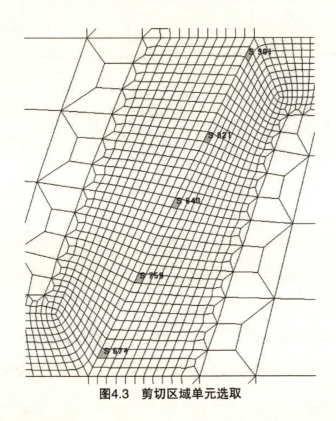

图4.3　剪切区域单元选取

选取45钢退火态来分析：

①加载速度为21.2m/s

剪切区域特征单元的等效应力－时间曲线、速度时间曲线如图4.4所示。不同时刻等效应力等值云图如图4.5所示。

曲线中，等效应力的单位为10^5MPa，速度的单位为10^4m/s，时间的单位为μs。后述的曲线中单位相同。

第四章 绝热剪切现象的2D数值模拟研究

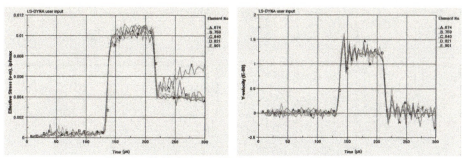

图4.4 等效应力－时间曲线、速度－时间曲线

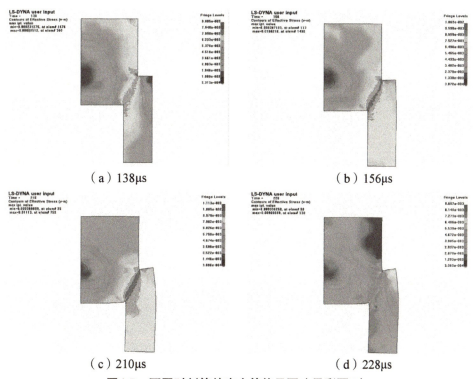

图4.5 不同时刻等效应力等值云图（见彩图1）

②加载速度为25.96 m/s

剪切区域特征单元的等效应力－时间曲线、速度时间曲线如图4.6所示。不同时刻等效应力等值云图如图4.7所示。

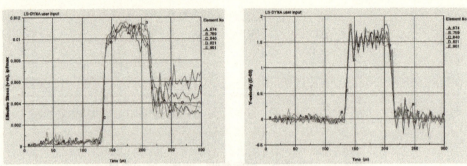

图4.6 等效应力-时间曲线、速度-时间曲线

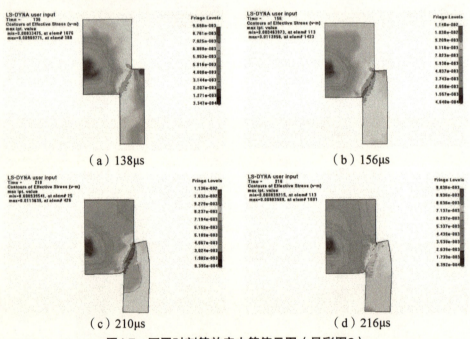

图4.7 不同时刻等效应力等值云图（见彩图2）

③加载速度为29.98 m/s

剪切区域特征单元的等效应力-时间曲线、速度时间曲线如图4.8所示。不同时刻等效应力等值云图如图4.9所示。

第四章　绝热剪切现象的2D数值模拟研究

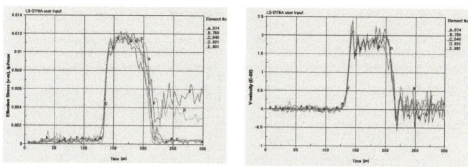

图4.8　等效应力－时间曲线、速度－时间曲线

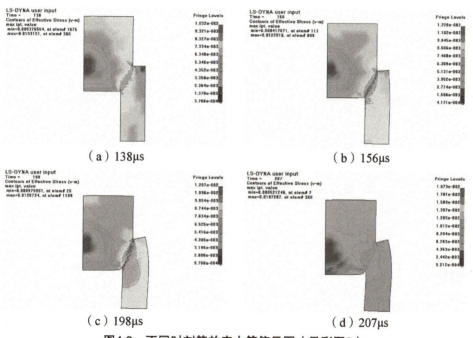

（a）138μs　　　　　　　　　　（b）156μs

（c）198μs　　　　　　　　　　（d）207μs

图4.9　不同时刻等效应力等值云图（见彩图3）

④加载速度为33.52 m/s

剪切区域特征单元的等效应力－时间曲线、速度时间曲线如图4.10所示。不同时刻等效应力等值云图如图4.11所示。

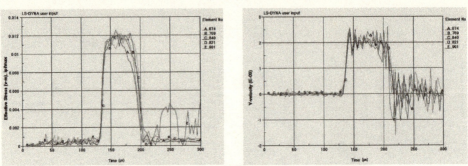

图4.10 等效应力-时间曲线、速度-时间曲线

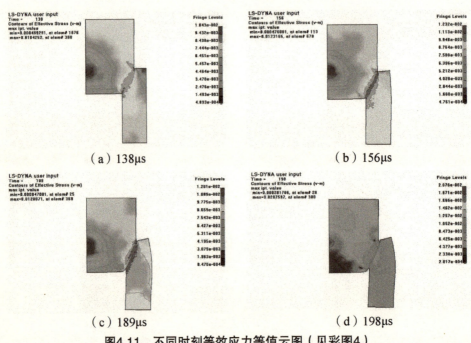

（a）138μs　　　　　　　　　（b）156μs

（c）189μs　　　　　　　　　（d）198μs

图4.11 不同时刻等效应力等值云图（见彩图4）

⑤加载速度为36.72 m/s

剪切区域特征单元的等效应力-时间曲线、速度时间曲线如图4.12所示。不同时刻等效应力等值云图如图4.13所示。

第四章 绝热剪切现象的2D数值模拟研究

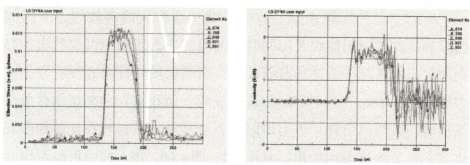

图4.12 等效应力－时间曲线、速度－时间曲线

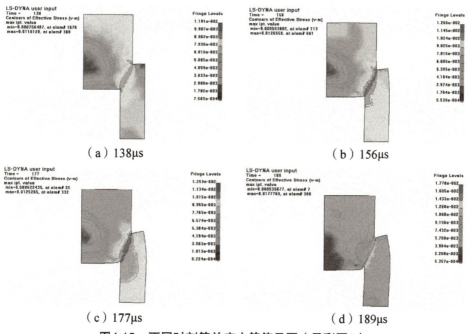

（a）138μs　　　　　　　　　　　　（b）156μs

（c）177μs　　　　　　　　　　　　（d）189μs

图4.13 不同时刻等效应力等值云图（见彩图5）

剪切内角单元674在不同加载速度下的等效应力－时间曲线如图4.14所示，剪切外角单元901在不同加载速度下的等效应力－时间曲线如图4.15所示，剪切中间单元840在不同加载速度下的等效应力－时间曲线如图4.16所示。

从以上五种加载速度下剪切区域特征单元的等效应力 – 时间曲线和速度 – 时间曲线及不同时刻的等效应力云图中可以看出，45钢退火态在前两个低速加载条件下，剪切区域特征单元没有发生应力塌陷，其中的应力下降是卸载造成的；而在后三种高速加载条件下，剪切区域均出现了应力塌陷，也就是说，该材料在这种加载环境下发生了绝热剪切变形。从图4.8、图4.10、图4.12中可以看出，绝热剪切变形先从剪切内角和剪切外角开始，然后从剪切区内、外角向剪切区中心扩展形成剪切带。

从图4.14、图4.15、图4.16中可知，随着加载速度的提高，应力幅值增大，应力持续时间缩短，应力塌陷的时间也逐渐提前。模拟结果与图3.4（d）实验观察到的现象吻合。

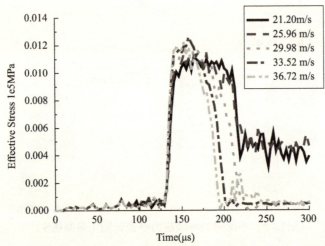

图4.14 剪切内角单元674在不同加载速度下的等效应力 – 时间曲线

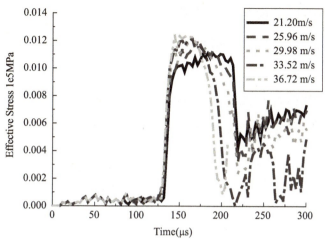

图4.15 剪切外角单元901在不同加载速度下的等效应力–时间曲线

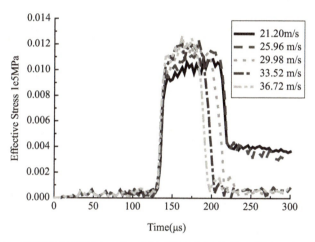

图4.16 剪切中间单元840在不同加载速度下的等效应力–时间曲线

4.5.3 结构钢成分组织对绝热剪切带的影响

4.5.3.1 不同成分相同类型组织的绝热剪切特性

为了考察材料成分对绝热剪切带的影响规律，选取20钢正火和45钢正火两种材料，它们的组织都是铁素体和珠光体，不同之处在于铁素体含量的不同。对两种材料不同加载条件下进行了数值模拟计算，分析得出了成分对绝热剪切形成的影响规律。

（1）加载速度为25.96 m/s

①20钢正火

剪切区域特征单元的等效应力－时间曲线、速度时间曲线如图4.17所示。不同时刻等效应力等值云图如图4.18所示。

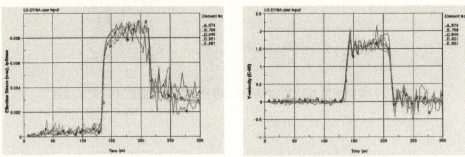

图4.17　等效应力－时间曲线、速度－时间曲线

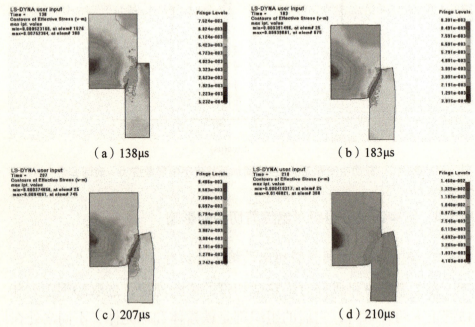

（a）138μs　　　　　　　　　　（b）183μs

（c）207μs　　　　　　　　　　（d）210μs

图4.18　不同时刻等效应力等值云图（见彩图6）

②45钢正火

剪切区域特征单元的等效应力－时间曲线、速度时间曲线如图4.19所示。不同时刻等效应力等值云图如图4.20所示。

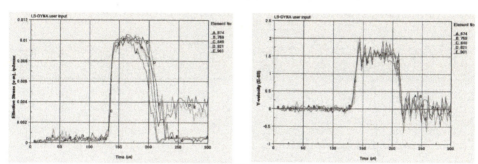

图4.19 等效应力－时间曲线、速度－时间曲线

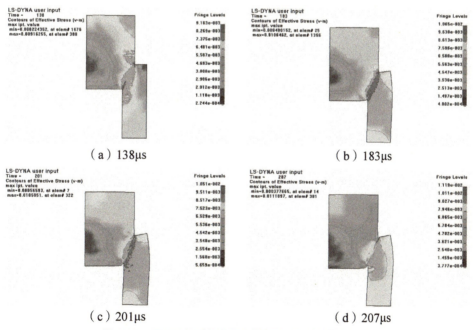

（a）138μs　　　　　　　　　　（b）183μs

（c）201μs　　　　　　　　　　（d）207μs

图4.20 不同时刻等效应力等值云图（见彩图7）

（2）加载速度为33.52 m/s

①20钢正火

剪切区域特征单元的等效应力 – 时间曲线、速度时间曲线如图4.21所示。不同时刻等效应力等值云图如图4.22所示。

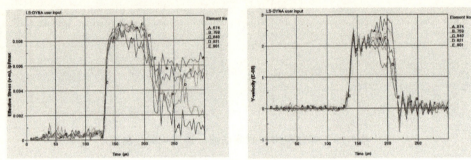

图4.21　等效应力 – 时间曲线、速度 – 时间曲线

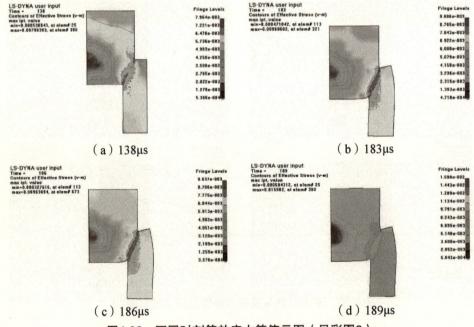

（a）138μs　　　　　　　　（b）183μs

（c）186μs　　　　　　　　（d）189μs

图4.22　不同时刻等效应力等值云图（见彩图8）

②45钢正火

剪切区域特征单元的等效应力 – 时间曲线、速度时间曲线如图4.23所示。不同时刻等效应力等值云图如图4.24所示。

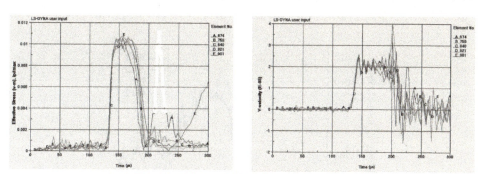

图4.23　等效应力 – 时间曲线、速度 – 时间曲线

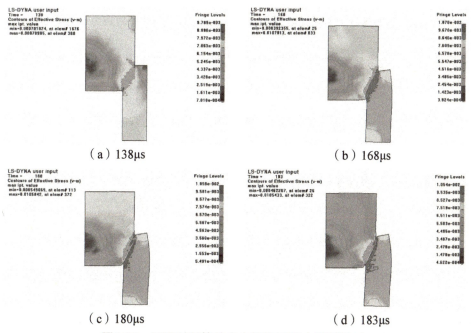

图4.24　不同时刻等效应力等值云图（见彩图9）

两种正火态材料，在速度$V1 = 25.96$ m/s、$V2 = 33.52$ m/s加载条件下，剪切内角单元674的等效应力－时间曲线如图4.25所示，剪切外角单元901的等效应力－时间曲线如图4.26所示，剪切中间单元840等效应力－时间曲线如图4.27所示。

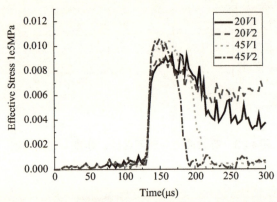

图4.25　不同成分、不同加载速度下剪切内角单元674的等效应力－时间曲线

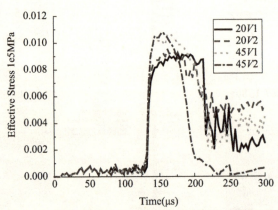

图4.26　不同成分、不同加载速度下剪切外角单元901的等效应力－时间曲线

在速度$V1 = 25.96$ m/s加载条件下，对比图4.17和图4.19、图4.18和图4.20可知，20钢正火态应力塌陷在207μs出现在剪切内角，形成绝热剪切带，剪切外角和中心没有出现应力塌陷；45钢正火态应力

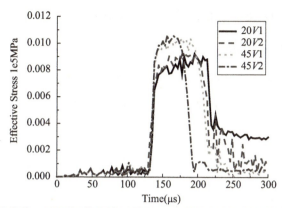

图4.27　不同成分、不同加载速度下剪切中心单元840的等效应力－时间曲线

塌陷在201μs首先出现在剪切内角，随之剪切外角和剪切中心都有应力塌陷，剪切带贯串整个区域。在速度$V2 = 33.52$ m/s加载下，对比图4.21和图4.23、图4.22和图4.24得知，20钢正火态应力塌陷从186μs开始，从剪切内外角向中心扩展，形成剪切带；45钢正火态在180μs时刻开始应力塌陷，形成剪切带。

从图4.25、图4.26、图4.27三个特征单元相同组织不同成分、不同加载条件下的等效应力－时间曲线可知，在相同加载速度条件下，45钢比20钢绝热剪切更加敏感，也就是说对于不同成分相同类型组织地结构钢材料，随着含碳量的提高，强度增大；对于退火、正火处理工艺，铁素体含量减少，绝热剪切更容易产生，即绝热剪切敏感性增强。

4.5.3.2　同一成分不同组织的绝热剪切特性

选取45钢三种不同的处理状态，即退火态、正火态、调质态。在相同加载条件下（速度为29.98 m/s），通过数值模拟结果比较，分析组织对绝热剪切的影响规律。

（1）45钢退火态

剪切区域特征单元的等效应力－时间曲线、速度时间曲线如图

4.8所示。不同时刻等效应力等值云图如图4.9所示。

（2）45钢正火态

剪切区域特征单元的等效应力 – 时间曲线、速度时间曲线如图4.28所示。不同时刻等效应力等值云图如图4.29所示。

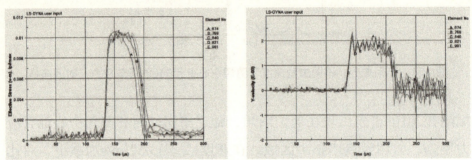

图4.28　等效应力 – 时间曲线、速度 – 时间曲线

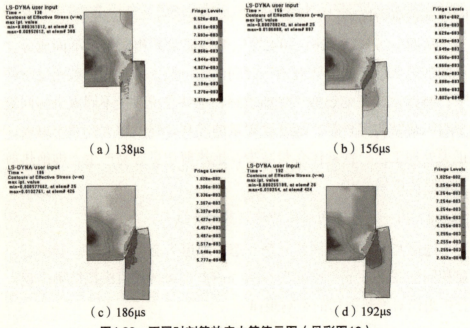

（a）138μs　　　　　　　　　　（b）156μs

（c）186μs　　　　　　　　　　（d）192μs

图4.29　不同时刻等效应力等值云图（见彩图10）

（3）45钢调质态

剪切区域特征单元的等效应力-时间曲线、速度时间曲线如图4.30所示。不同时刻等效应力等值云图如图4.31所示。

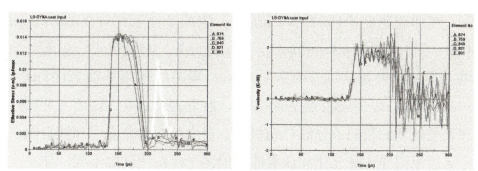

图4.30　等效应力-时间曲线、速度-时间曲线

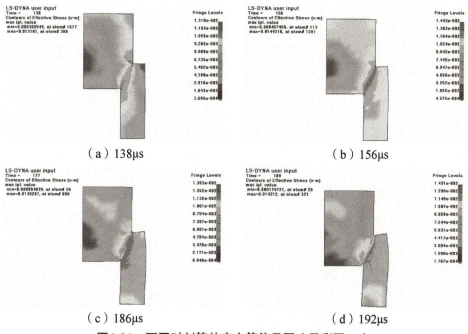

（a）138μs　　　　　　　　　（b）156μs

（c）186μs　　　　　　　　　（d）192μs

图4.31　不同时刻等效应力等值云图（见彩图11）

在某一固定加载速度（$V = 29.98$ m/s）下，相同成分不同组织的剪切内角单元674的等效应力－时间曲线如图4.32所示，剪切外角单元901的等效应力－时间曲线如图4.33所示，剪切中间单元840的等效应力－时间曲线如图4.34所示。

在加载速度（$V = 29.98$ m/s）一定的条件下，对比图4.8、图4.28、图4.30及图4.9、图4.29、图4.31可知，45钢退火、正火、调质态材料在剪切区域都有应力塌陷，塌陷的时刻分别为198μs、192μs、186μs，形成了绝热剪切带。经退火、正火、调质三种热处理工艺处理的相同成分的45钢材料，退火组织为珠光体和铁素体；正火组织同样为珠光体和铁素体，但由于冷却速度的不同，使正火后的组织比退火组织铁素体含量减少，晶粒细小，故正火组织比退火组织强度高；调质处理的组织为回火索氏体，具有良好的综合机械性能，比正火组织强度高。因此可以得出，相同材料通过不同的热处理工艺获得不同的组织，组织强度的高低决定着绝热剪切的敏感性。强度越高，越容易出现绝热剪切现象。

比较图4.32、图4.33、图4.34三个特征单元相同成分不同组织、相同加载条件下的等效应力－时间曲线可知，退火、正火、调质三种热处理工艺获得的组织，强度依次增强，绝热剪切的敏感程度也相应地逐渐增强。从图中也可以看出，退火、正火、调质态出现应力塌陷的时刻越来越早，产生绝热剪切也越容易。从曲线中可以看到正火态的应力水平比退火态低，说明正火态相比退火态应变率硬化能力弱，与第二章中拟合的参数相吻合。

4.5.4 绝热剪切带温度场研究

绝热剪切是材料在高应变率条件下塑性变形局域化的一种常见形式，通常其高速变形时绝大部分热量来不及散失，从热力学

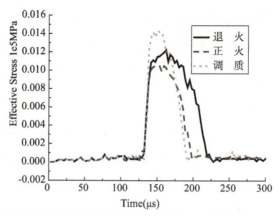

图4.32 相同成分不同组织的剪切内角单元674的等效应力 – 时间曲线

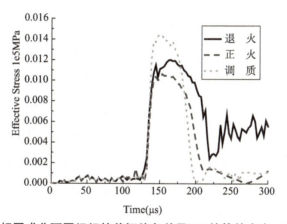

图4.33 相同成分不同组织的剪切外角单元901的等效应力 – 时间曲线

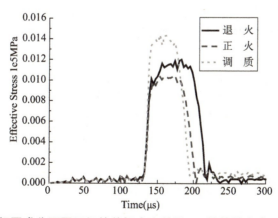

图4.34 相同成分不同组织的剪切中心单元840的等效应力 – 时间曲线

角度看近似于绝热过程,绝热剪切带内温度急剧升高和下降(如温升可达$10^2 \sim 10^3$K,冷却速率可达10^5K/s)。在数值模拟中,利用ANSYS/LSDYNA求解高应变率下的应力应变场,采用Johnson-Cook材料模拟来表征材料的应变硬化、应变率硬化和热软化性能,但无法输出温度场。本书利用(2.16)式来间接求解特征单元的温度场。通过特征单元温度场的表征,来分析绝热剪切带的类型。

许多国内外学者在研究绝热剪切现象时,利用下式来判定绝热剪切带的类型。

当$T = 0.4T_m$时,材料将发生再结晶。可以这样认为,当特征单元在加载过程中出现应力塌陷,且单元的温度超过熔点的0.4倍时,认定剪切带的类型为转变带,即在金相显微镜下观察到的白亮带;若温度低于熔点的0.4倍时,即认为剪切带的类型为形变带。

选取45钢退火态和45钢调质态两种材料在加载速度为29.98 m/s时的变形,将数值模拟的等效应力-时间曲线、等效应变-时间曲线输出,计算特征单元的温升。来判定所形成剪切带的类型。

图4.35、图4.36所示的是45钢退火态、45钢调质态剪切区域特征单元的等效应力-时间曲线和温度-时间曲线。

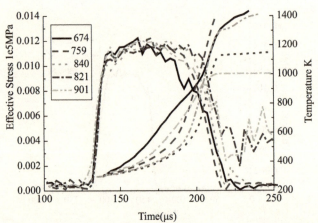

图4.35 45钢退火态剪切区域特征单元的等效应力-时间曲线和温度-时间曲线

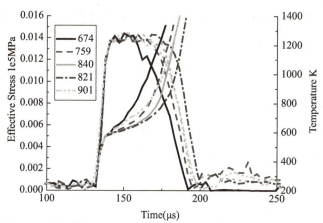

图4.36　45钢调质态剪切区域特征单元的等效应力－时间曲线和温度－时间曲线

45钢的熔点为1765K，0.4Tm为706K。从图4.35中可知特征单元在应力塌陷时刻的温度未超过0.4Tm，故45钢退火态材料所产生的绝热剪切带为形变带；而从图4.36曲线中得知45钢调质态特征单元在应力塌陷时刻的温度超过0.4Tm，剪切区域特征单元的温度已达到800K以上，因此，该特征区域已发生了转变带。

模拟结果与图3.5的实验结果相比较，当打击速度为29.98 m/s时，45钢退火态观察到的是形变带，而45钢调质态实验观察到的是白亮带。数值模拟结果与实验结果相吻合。

4.6　小结

利用简化的二维轴对称实体模型，采用Johnson－Cook材料模型完整模拟了帽型试样SHPB强迫剪切实验加载过程。对实验过程出现的绝热剪切现象进行了数值分析，得出如下结论：

（1）加载速度对绝热剪切的影响规律

20钢和45钢两种退火态材料在速度为29.98m/s时发生了明显的

绝热剪切变形；而两种材料的正火态和调质态在速度为25.96m/s时就有绝热剪切现象产生。随着加载速度的提高，绝热剪切越易出现，剪切带的宽度与加载速度成反比，速度越高，剪切带宽度越窄。

（2）结构钢组织对绝热剪切带的影响规律

选取两种正火态材料进行了比较分析。对于组织为珠光体和铁素体的结构钢，随着铁素体含量的减少，即强度提高，绝热剪切越易发生。

（3）结构钢成分对绝热剪切带的影响规律

对于同一成分不同组织的材料，组织的强度是决定绝热剪切敏感性的主要因素，强度越高，绝热剪切越敏感。

（4）绝热剪切温度场研究规律

利用数值模拟获取的特征单元的应力、应变数据，间接计算了特征单元的温度场。当单元温度超过熔点温度的0.4倍时，剪切带的类型为转变带；反之则为形变带。

参考文献

[1] Hallquist O. LS-DYNA theoretical manual[M]. Livermore Software Technology Corporation，1998，5.

[2] LS-DYNA keyword user's manual[M]. Livermore Software Technology Corporation，2001.

[3] Recht R F. Catastrophic thermoplastic shear[J]. *Trans ASME J Appl Mech*，1964，31：189-193.

[4] Carslaw H S, Jaeger J C. Conduction of heat in solids[M]. Oxford：Clarendon Press，1947.

[5] Culver R S. Metal Effects at High Strain Rates[M]. New York: Plenum, 1973, 519-575.

[6] 王礼立. 绝热剪切——材料在冲击载荷下的本构失稳. 冲击动力学进展[C]. 合肥：中国科技大学出版社，1992.

[7] Wright T W, Walter J W. On stress collapse in adiabatic shear bands[J]. *J Mech Phys Solids*, 1987, 35（6）: 701-720.

[8] Batra R C, Nechitailo N V. Analysis of failure modes in dynamically loaded pre-notched steel plates[J]. *Int J Plasticity*, 1997, 13: 291-308.

第五章 绝热剪切现象的3D数值模拟研究

5.1 引言

数值模拟为爆炸与冲击等高速瞬态现象的研究提供了一种新的途径。冲击加载下的绝热剪切变形是一个瞬间过程，持续时间很短，完全依赖实验手段来研究绝热剪切带的形成、发展及组织演化，很难发现一些物理量的变化历程。利用数值模拟方法，对冲击加载的全过程进行模拟，较容易地观测物理量的变化历程，使研究人员能够获得数字化虚拟的实验结果。

本书第三、四章利用轴对称帽型试样，对结构钢成分组织与绝热剪切敏感性的影响规律进行了实验研究和2D数值模拟验证，得到了很好的一致性结果。说明了数值模拟方法的可靠性、可行性。本章利用3D数值模拟方法对退火态45钢进行了非轴对称的平板冲击实验的预测研究，并进行了实验验证。

5.2 平板冲击实验的数值模拟预测研究

5.2.1 有限元模型的建立

发射弹与预制双缝的平板尺寸如图5.1所示。

为了得到更好的预测结果,采用三维实体建模。前处理用ANSYS完成实体模型的建立和有限元网格的划分,如图5.2所示。模型中都采用SOLID164单元网格。各部分单元数及节点数为:平板单元数49216个,节点数61600个;发射弹单元数5760个,节点数7563个。

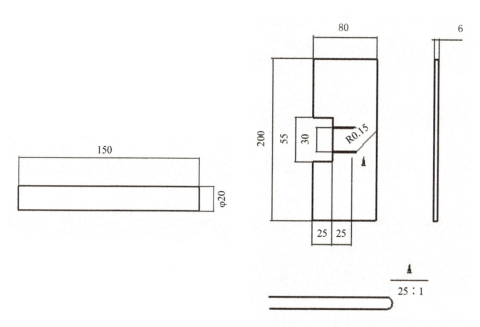

图5.1 发射弹与预制双缝的平板尺寸(单位:mm)

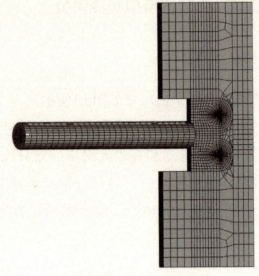

（a）发射弹与平板有限元网格

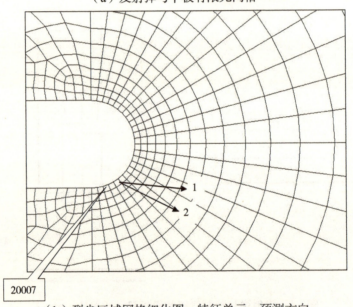

（b）裂尖区域网格细化图、特征单元、预测方向

图5.2　平板有限元网格

在平板冲击过程中，应力集中在裂尖，绝热剪切带的萌生位置就在裂尖，为了更好地获得局域化变形的结果，采用了网格渐变的

方法，使裂尖的网格最细，在半径为0.15mm的半弧上划分了24个单元，每个单元尺寸为19.6μm×19.6μm。为了节省计算时间，远离裂尖的网格逐渐粗大。

5.2.2 本构模型和材料参数选择

（1）本构模型

发射弹与平板的材料选用相同材料，材料模型均选取Johnson-Cook本构模型。

（2）状态方程

发射弹与平板的状态方程均选用Mie-Gruneisen状态方程。

（3）材料参数

数值模拟预测中采用了45钢退火态材料模型参数参见表2.3和第四章。

Mie-Gruneisen状态方程参数参见表4.5。

（4）边界条件和约束

我们定义了平板上下两端固定约束。

（5）接触定义

发射弹与平板的接触定义为面面侵彻接触，即CONTACT_ERODING_SURFACE_TO_SURFACE。

（6）初速度定义

发射弹上沿X轴方向分别加载速度为：40m/s、50m/s、55 m/s、60 m/s、75 m/s。

（7）绝热剪切判据

采用应力塌陷和温度耦合判据。

利用LS-DYNA求解，在LSPOST后处理下分析模拟结果，重点讨论特征单元20007的应力－时间曲线和等效应力云图。

5.2.3 数值模拟结果分析与讨论

5.2.3.1 冲击变形结果分析

选取45钢退火态三种不同速度下平板变形的模拟结果来分析。

从图5.3中可以看出，随着冲击速度的提高，平板变形逐渐增大，从而导致裂尖的变形越大。

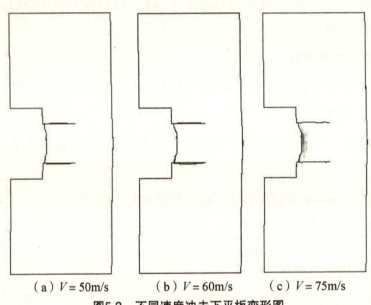

（a）$V=50$m/s　　（b）$V=60$m/s　　（c）$V=75$m/s

图5.3　不同速度冲击下平板变形图

5.2.3.2 绝热剪切萌生的位置、临界速度和扩展方向分析

对所选材料不同速度下的裂尖特征单元的分析，可以得出绝热剪切萌生的位置、临界速度和扩展方向。

（1）绝热剪切萌生的位置、临界速度分析

发射弹不同速度下的速度时间曲线如图5.4所示。

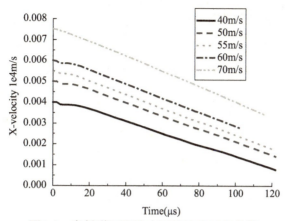

图5.4　发射弹不同速度下的速度时间曲线

由图5.4可知，发射弹冲击平板速度的变化基本上为线性下降，随着加载速度的提高，发射弹对平板的加载时间越长。

选取加载速度为60m/s，来分析绝热剪切带的萌生位置。图5.5为双缝平板上裂尖位置的应力－时间曲线。从图5.5中可以看出，在加载过程中双缝平板上裂尖端上半部分没有应力塌陷；而在下半部分靠近预制裂纹下端的19917、19947、19977、20007、20037、20067这六个特征单元都不同程度出现了应力塌陷。可以确定绝热剪切的萌生位置在裂尖-45°至-90°区域，在-75°角方向更剧烈。因此我们选取应力塌陷最剧烈的特征单元20007，如图5.2（b），来分析绝热剪切带产生的临界速度。

图5.6、5.7、5.8、5.9为特征单元的等效应力－时间、等效应变－时间、温度时间曲线、等效应力－等效应变曲线。

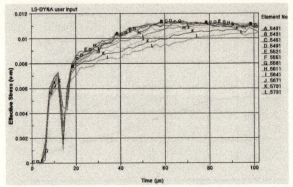

（a）双缝平板上裂尖端上半部分12个单元的应力 – 时间曲线

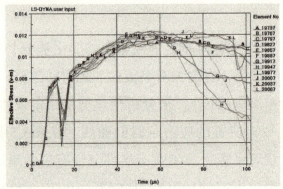

（b）双缝平板上裂尖端下半部分12个单元的应力 – 时间曲线

图5.5　平板裂尖单元应力 – 时间曲线

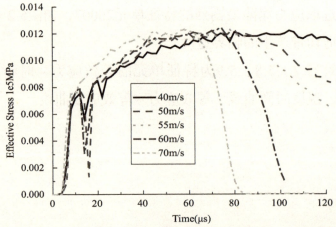

图5.6　特征单元20007不同加载速度下的等效应力 – 时间曲线

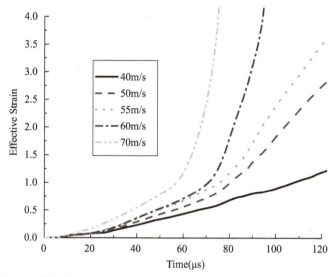

图5.7 特征单元20007不同加载速度下的等效应变-时间曲线

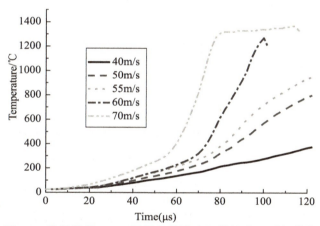

图5.8 特征单元20007不同加载速度下的温度-时间曲线

从图5.6等效应力-时间曲线中可以得出，特征单元应力塌陷的速度为50m/s，随着加载速度的提高，等效应力增大，应力塌陷的时刻也相对提前。而从图5.8等效塑性应变-时间曲线中可以得知，随着加载速度的提高，特征单元的等效塑性应变增大。从图5.9等效应力-等效应变曲线也可得出，在速度为40m/s没有应力的下降，而其中实线的垂直下降表示的是卸载过程，从中也可得知，当等效塑性应变为1.5时，等效塑性应力下降。从图5.9温度时间曲线中可以看出，在等效塑性应力达到最大值时，特征单元温度低于500℃，表明该绝热剪切带的类型为形变带。

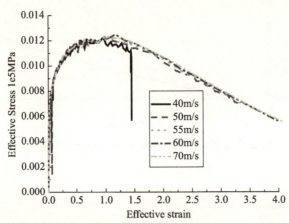

图5.9　特征单元20007不同加载速度下的等效应力－等效应变曲线

（2）绝热剪切带的扩展方向分析

同样选取加载速度为60m/s，来分析绝热剪切带的扩展方向。

图5.2（b）上所示剪切带方向1、2，在LSPOST后处理输出两个方向上特征单元的等效塑性应力－时间曲线如图5.10所示。

从图5.10可知，在1方向上，所有特征单元都出现了应力塌陷，而在2方向上后面的单元没有应力塌陷。比较两个方向的曲线，我们可以得出，剪切带的扩展方向为1方向，与预制裂纹方向成-10°角，与文献[1-8]报道的一致。

不同加载速度下裂尖的变形和等效应力云图如图5.11所示。

第五章 绝热剪切现象的3D数值模拟研究

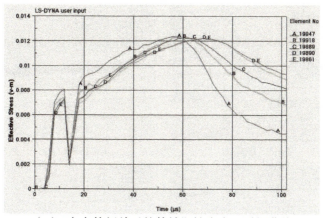

（a）1方向特征单元的等效塑性应力–时间曲线

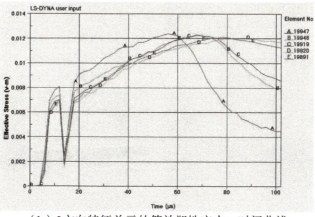

（b）2方向特征单元的等效塑性应力–时间曲线

图5.10 两个方向特征单元的等效塑性应力–时间曲线

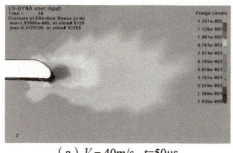

（a）$V = 40$m/s $t=50$μs

（b）$V = 40$m/s $t=122$μs

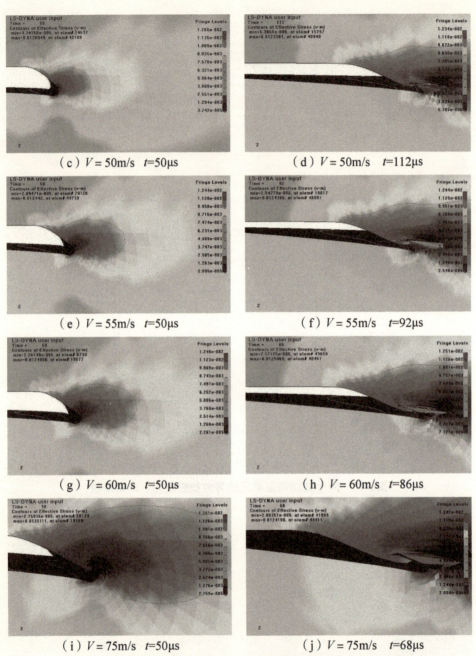

(c) $V = 50$m/s $t = 50$μs
(d) $V = 50$m/s $t = 112$μs
(e) $V = 55$m/s $t = 50$μs
(f) $V = 55$m/s $t = 92$μs
(g) $V = 60$m/s $t = 50$μs
(h) $V = 60$m/s $t = 86$μs
(i) $V = 75$m/s $t = 50$μs
(j) $V = 75$m/s $t = 68$μs

图5.11 不同速度下不同时刻裂尖的变形和等效应力云图（见彩图12）

从图5.11裂尖变形和等效应力云图中可知，45钢退火态材料在加载速度为50m/s时出现剪切带，剪切带的扩展方向与预制裂缝成-10°角。随着冲击速度的提高，裂尖的变形逐渐加大，预制裂纹逐渐变窄，裂尖沿剪切带方向的变形越剧烈。

5.3 双缝平板冲击实验验证

5.3.1 实验装置

实验装置由发射装置，测速装置、试件支撑装置和回收装置组成，如图5.12所示。

（1）发射装置

实验采用的发射装置为20mm口径高压气体空气炮。最大设计速度为120m/s。由供气气压瓶中气压推动直杆，根据气压的大小调节冲击速度，该实验采用气压为10～60个大气压。

（2）测速装置

为了准确测定子弹冲击平板的临界速度V_C，设计了测速装置。测速装置由两个平行激光器和测速电路构成。该装置主要是由激光发生器，计数器及支座组成，发射弹从枪膛中高速射出，在冲击平板的过程中，拦截两束从激光器中发射的激光，拦截第一束激光产生脉冲使计数器开始计时，拦截第二束激光时产生的脉冲使测速仪停止计时，根据两次计时的时间差Δt及两束激光之间的距离L，就可近似求出子弹的冲击速度V，$V=L/\Delta t$。

本试验的激光发生装置为北京大学物理系研制的HN600型激光器，它是单毛细管全外腔氦氖气体激光器，具有亮度高，方向性好，单色性好和相干性好等特点。需要了解和注意的是该装置的主要技术参数和使用方法。

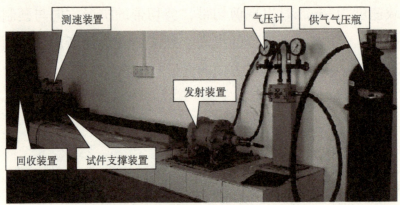

图5.12 试验装置（空气炮）实物图

（3）支撑装置、回收装置

支撑装置保证被打击试件的对中。回收装置具有回收试件并且具有安全防护功能。不让发射弹落到别处，以免发生事故。

5.3.2 实验材料及试验方法

（1）实验材料

选取45钢退火态，材料成分及处理工艺参见表2.1、2.2。

（2）试样

发射弹与平板的尺寸如图5.1所示。试样样品号、打击压力、发射弹经过测速装置的时间、发射弹速度见表5.1。

表5.1 试样样品号、打击压力、的时间、发射弹速度

样品号	压力（MPa）	时间（μs）	速度（m/s）
T3	10	2426	48.6
T4	20	1900	62.1
T5	15	2152	54.8
T6	30	1569	75.2
T7	6	3096	38.1

（3）分析区域

剪切带最有可能在预制裂纹尖端区域产生，因此将打击后的平板利用线切割切取以裂尖为中心20mm×20mm的区域来分析。借助OLYMPUS-PME金相显微镜、JSM-5600LV SEM扫描电镜分析预制裂纹尖端的组织变化特征。

5.3.3 实验结果验证分析

5.3.3.1 冲击后的平板宏观变形验证

发射弹不同速度冲击预制裂纹的平板后，打击区域发生了较大的变形。不同速度冲击后的平板外貌如图5.13所示。

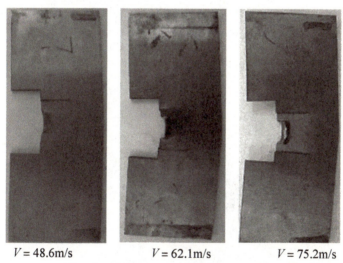

$V = 48.6\text{m/s}$ $V = 62.1\text{m/s}$ $V = 75.2\text{m/s}$

图5.13 不同速度冲击下的平板宏观变形图

比较图5.3、图5.13，可以看出，实验结果和模拟结果基本一致、实验看到的$V = 62.1\text{m/s}$、$V = 75.2\text{m/s}$两个速度下宏观变形略比模拟变形大一些。究其原因有二：一是这两个速度比模拟速度大；二是由于模拟中没有引入失效判据所致。

5.3.3.2 平板预制裂纹裂尖微观分析验证

不同冲击速度下裂尖的微观形貌如图5.14所示。图中标尺为0.1mm，每小格为0.01mm。

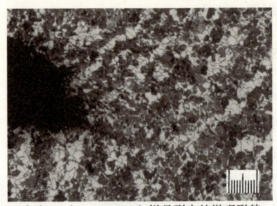

（a）T7（V = 38.1m/s）样品裂尖的微观形貌

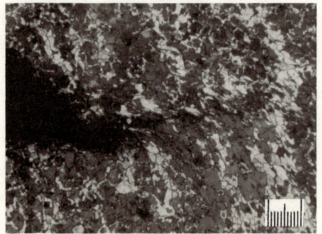

（b）T3（V = 48.6m/s）样品裂尖的微观形貌

第五章 绝热剪切现象的3D数值模拟研究

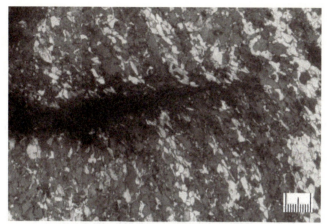

（c）T5（V = 54.8m/s）样品裂尖的微观形貌

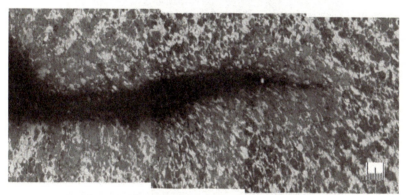

（d）T4（V = 62.1m/s）样品裂尖的微观形貌

（e）T6（V = 75.2 m/s）样品裂尖的微观形貌
图5.14　不同冲击速度下裂尖的微观形貌

从图5.14中可以看出，裂尖的变形和形成裂纹的方向与数值模拟计算的结果基本一致。冲击速度为38.1m/s时裂尖只发生了轻微的塑性变形；冲击速度为48.6m/s时裂尖产生了微裂纹；冲击速度为

54.8m/s、62.1m/s、75.2 m/s时裂尖都形成的裂纹，裂纹两侧可以看到形变区域，裂纹周围均出现了形变带，晶粒被拉长、碎化，拉长方向沿着裂纹扩展方向。随着冲击速度的增大，形变区域变长，宽度变窄，说明裂纹是由剪切带的扩展造成的。

通过不同速度下裂尖的扫描电镜照片可以更清楚地看到形变带。不同速度下扫描电镜的微观形貌如图5.15所示。

(a) T7 ($V=38.1$m/s)

(b) T3 ($V=48.6$m/s)

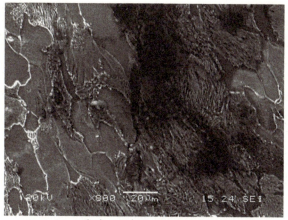

(c) T5（$V = 54.8\text{m/s}$）

(d) T4（$V = 62.1\text{m/s}$）

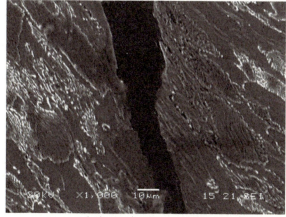

(e) T6（$V = 75.2\text{ m/s}$）

图5.15　不同速度下裂纹周围的微观形貌

从图5.15中可以清楚地看到，冲击速度为38.1m/s时裂尖只有轻微的塑性变形。当速度达到48.6m/s时，预制裂纹尖端在冲击载荷的作用下，由于剪切带的扩展最终形成裂纹，裂纹周围存在着大变形区域，晶粒被拉长，有的已经碎化，晶粒拉长的方向与裂纹扩展方向相同，因此可以认定裂纹的形成是由于剪切带的扩展造成的。从图5.14、5.15中可以得知，剪切带形成的临界速度为48m/s左右，与数值模拟的结果吻合的较好；剪切带的扩展方向（实验中裂纹的扩展方向）与数值模拟结果一致。

5.4 小结

（1）采用3D数值模拟了预制裂纹的双缝平板冲击实验。预测了45钢退火态材料的平板在不同冲击速度下的宏观变形、绝热剪切带的萌生位置、临界速度和剪切带的扩展方向。

计算结果表明，在一定的冲击速度下，绝热剪切带出现在预制裂纹尖端并与预制裂纹成−75°角；退火态45钢绝热剪切产生的临界速度为50m/s；剪切带的扩展方向与预制裂纹方向成−10°角。

（2）利用空气炮装置对双缝预制裂纹平板采取不同速度加载冲击，借助金相显微镜和扫描电镜分析了平板不同冲击速度下的宏观变形和裂尖的微观形貌。验证了数值模拟结果的正确性。

实验结果表明：实验中平板的宏观变形与数值模拟结果基本相同；剪切带的萌生位置、临界速度、扩展方向与模拟结果一致。

参考文献

[1] Mason J J, Rosakis A J, Ravichandran G. Full field measurements of the dynamic deformation field around a growing adiabatic shear band tip of a dynamically loaded crack or notch[J]. *J Mech Phys Solids*, 1994a, 42: 1679-1697.

[2] Mason J J, Rosakis A J, Ravichandran G. On the strain and strain-rate dependence of the fraction of plastic work converted to heat: an experimental study using high speed infrared detectors and Kolsky bar[J]. *Mechs Materials*, 1994b, 17: 135-150.

[3] Zhou M, Rosakis A J, Ravichandran G. Dynamically shear bands in prenotched plates: I-Experimental investigations of temperature signatures and propagating speed[J]. *J Mech Phys Solids*, 1996a, 44: 981-1006.

[4] Zhou M, Rosakis A J, Ravichandran G. Dynamically propagating shear bands in prenotched plate: II-Finite element simulations[J]. *J Mech Phys Solids*, 1996b, 44: 1007-1032.

[5] Batra R C, Nechitailo N V. Analysis of failure modes in dynamically loaded pre-notched steel plates[J]. *Int J Plasticity*, 1997, 13: 291-308.

[6] Needleman A, Tvergaard V. Analysis of brittle-ductile transition under dynamic shear loading[J]. *Int J Solids Structures*, 1995, 44: 2571-2590.

[7] Kalthoff J F, Winkler S. Failure mode transition at high rates of shear loading. In Impact Loading and Dynamic Behavior of Materials[J]. Informations gesellaschaft Verlag Bremen, 1987: 185-195.

[8] Lebouvier A S, Lipinski P. Numerical study of the propagation of an adiabatic shear band[J]. *J Phys IV France*, 2000, 10（4）: 403-408.

第六章 结论

通过对结构钢两种成分、三种典型组织的实验研究、理论分析和数值模拟计算，深入系统研究了绝热剪切敏感性与其成分、微观组织的关系，获得如下理论和实验研究结果。

（1）选择了能满足结构钢高应变率下应变硬化、应变率硬化和热软化规律的Johnson-Cook热粘塑性本构关系。利用最小二乘法首次拟合了两种成分、三种典型组织六种不同类型材料Johnson-Cook本构关系中的待定参数，修正了应变率硬化指数，即应变率硬化指数不是常数，而是应变率的幂函数。拟合的本构关系参数的计算值与实验数据比较，吻合得很好，表明具有较高的精度和可靠性。为数值模拟提供了准确的本构模型参数。

（2）通过Origin函数回归得出了参数A、B、n和C与铁素体含量f_a的定量关系，对亚共析钢Johnson-Cook模型参数的确定有一定的参考价值。

（3）利用SHPB上的帽型试样强迫剪切实验，系统地研究了两种成分、三种典型组织材料的绝热剪切敏感性差异。不同加载速度下绝热剪切宽度的理论计算和实验测量结果表明，随着加载速度的提高，材料绝热剪切带的宽度逐渐变窄。随着含碳量的提高，铁素体含量的减少，剪切带宽度越窄；同成分不同组织的结构钢材料，退火态、正火态、调质态材料的剪切带宽度依次减小。

第六章 结论

（4）随着微观组织类型的改变和加载速度的提高，绝热剪切带的显微组织发生了由形变带向转变带的演变。退火态、正火态低速下形成的形变带内的组织沿剪切方向剧烈拉长，正火态高速下、调质态形成的转变带由细晶组织构成。实验结果表明形变带是原始组织经过塑性大变形后形成的；转变带经历了再结晶或快速淬火形成的。

（5）在SHPB加载条件下，不同材料产生绝热剪切带的临界速度不同。退火态材料$V = 25.96$ m/s加载下绝热剪切现象不是很明显，在$V = 29.98$ m/s加载条件下出现绝热剪切现象；正火态、调质态材料在$V = 25.96$ m/s加载条件下，两种结构钢材料的均出现绝热剪切现象。加载速度直接影响绝热剪切带的宽度，加载速度与剪切带的宽度成反比。

（6）应用有限元分析方法，利用简化的二维轴对称实体模型，采用Johnson-Cook材料本构关系数值模拟了帽型试样的加载过程，分析了帽型试样剪切区域的绝热剪切变形规律。选取两种不同成分、三种热处理工艺的结构钢材料，利用应力塌陷和温度场判据，分析了结构钢成分组织对绝热剪切敏感性的影响规律，模拟结果与实验结果一致。

（7）对平板实验进行了有限元3D数值模拟分析计算。预测了45钢退火态材料的平板在不同冲击速度下的宏观变形、绝热剪切带的萌生位置、绝热剪切带产生的临界速度和剪切带的扩展方向。计算结果表明，在一定的冲击速度下，绝热剪切带出现在预制裂纹尖端并与预制裂纹成–75°角；绝热剪切产生的临界速度为50m/s；剪切带的扩展方向为与预制裂纹方向成–10°角。利用空气炮装置对双缝预制裂纹平板采取不同速度加载冲击，借助金相显微镜和扫描电镜分析了平板不同冲击速度下的宏观变形和裂尖的微观形貌，验证数值模拟结果，实验结果与数值模拟结果一致。

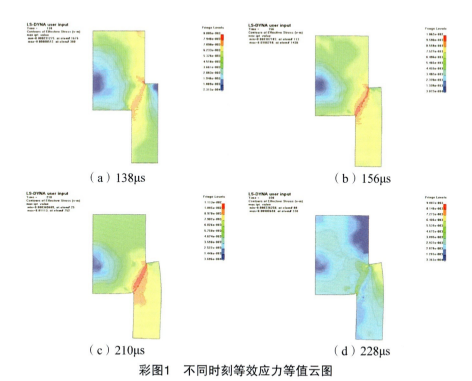

(a) 138μs　　(b) 156μs　　(c) 210μs　　(d) 228μs

彩图1　不同时刻等效应力等值云图

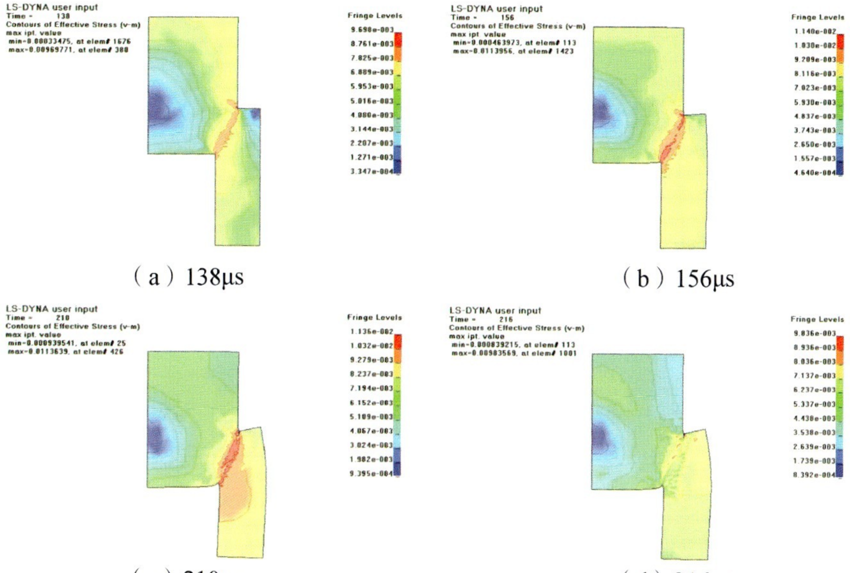

(a) 138μs　　(b) 156μs　　(c) 210μs　　(d) 216μs

彩图2　不同时刻等效应力等值云图

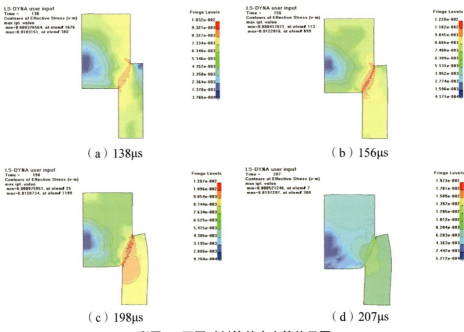

彩图3 不同时刻等效应力等值云图

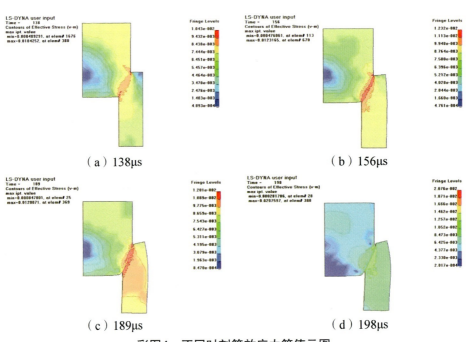

彩图4 不同时刻等效应力等值云图

彩 插

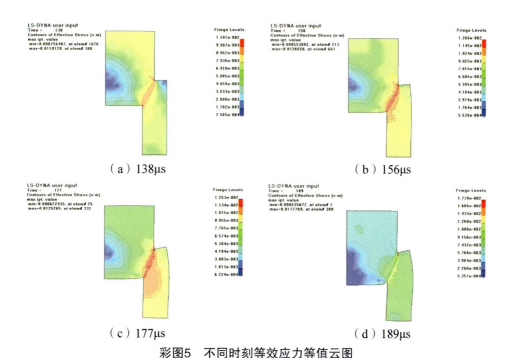

（a）138μs　　　　　　　　　（b）156μs

（c）177μs　　　　　　　　　（d）189μs

彩图5　不同时刻等效应力等值云图

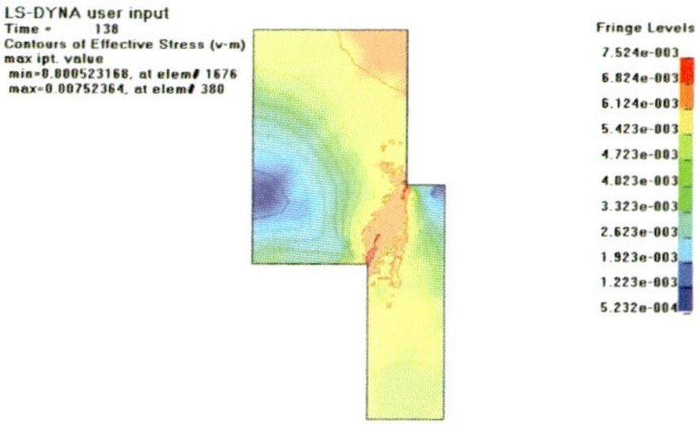

（a）138μs 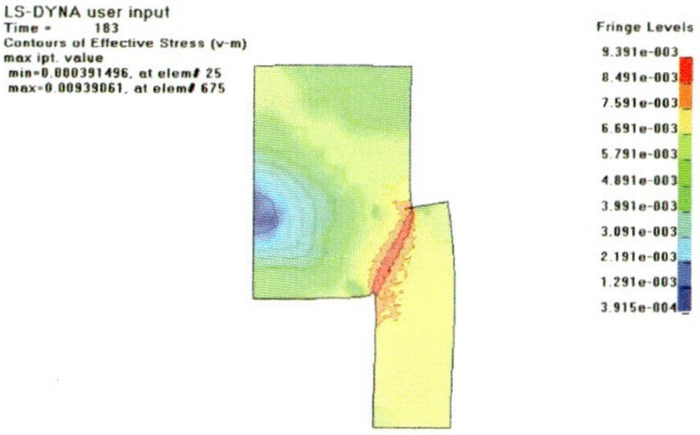　　　　　　　　　（b）183μs

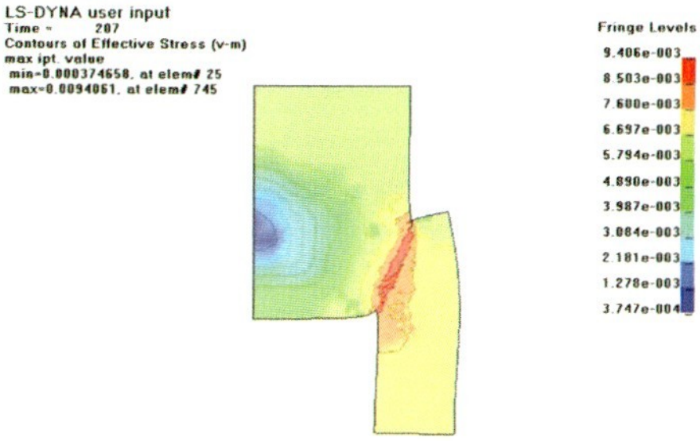

（c）207μs 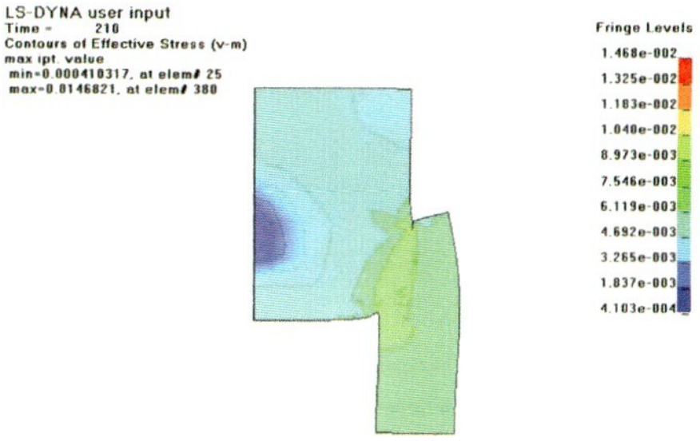　　　　　　　　　（d）210μs

彩图6　不同时刻等效应力等值云图

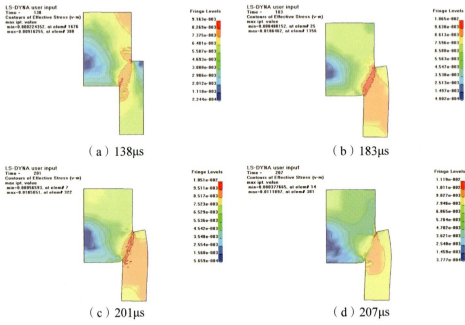

彩图7　不同时刻等效应力等值云图

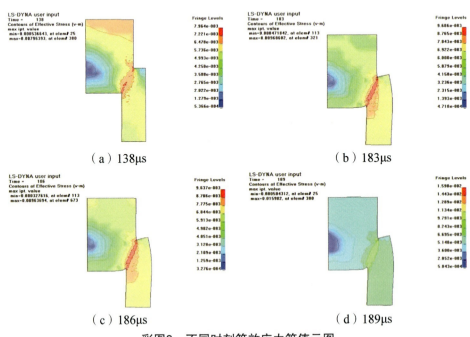

彩图8　不同时刻等效应力等值云图

彩 插

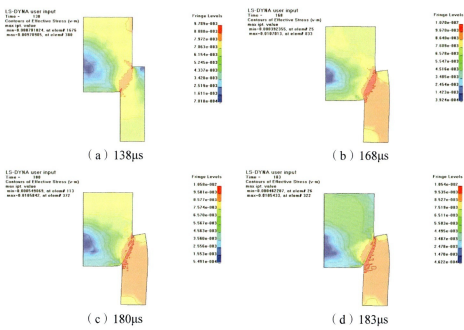

彩图9　不同时刻等效应力等值云图

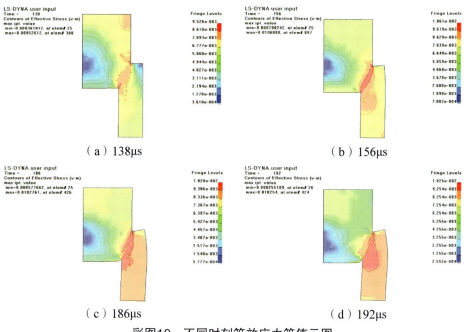

彩图10　不同时刻等效应力等值云图

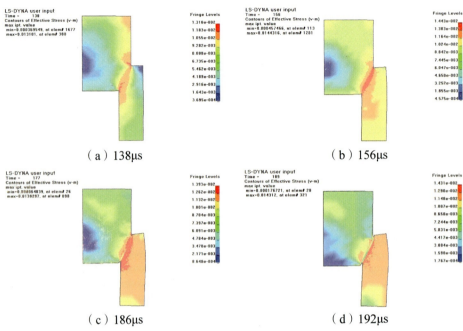

(a) 138μs (b) 156μs
(c) 186μs (d) 192μs

彩图11　不同时刻等效应力等值云图

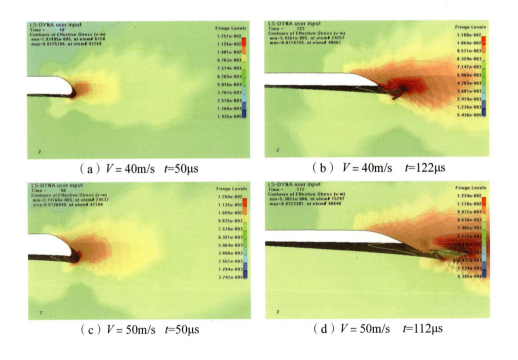

(a) $V=40$m/s　$t=50$μs (b) $V=40$m/s　$t=122$μs
(c) $V=50$m/s　$t=50$μs (d) $V=50$m/s　$t=112$μs

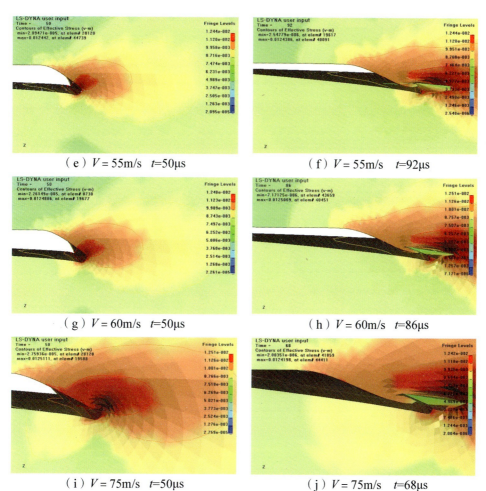

彩图12　不同速度下不同时刻裂尖的变形和等效应力云图